JI CHANGJIANBING
ZHENZHI
CAISE TUPU

畜禽常见病诊治
彩色图谱丛书

鸡常见病诊治
彩色图谱

武现军 主编

化学工业出版社

·北京·

图书在版编目（CIP）数据

鸡常见病诊治彩色图谱／武现军主编．—北京：
化学工业出版社，2014.5（2025.4重印）
（畜禽常见病诊治彩色图谱丛书）
ISBN 978-7-122-20074-7

Ⅰ．①鸡…　Ⅱ．①武…　Ⅲ．①鸡病－诊疗－图谱
Ⅳ．① S858.31-64

中国版本图书馆 CIP 数据核字（2014）第 049622 号

责任编辑：邵桂林　　　　　　　　文字编辑：周　㑇
责任校对：边　涛　　　　　　　　装帧设计：韩　飞

出版发行：化学工业出版社
　　　　　（北京市东城区青年湖南街13号　邮政编码100011）
印　　装：北京缤索印刷有限公司
850mm×1168mm　1/32　印张5　字数133千字
2025年4月北京第1版第17次印刷

购书咨询：010-64518888
售后服务：010-64518899
网　　址：http://www.cip.com.cn
凡购买本书，如有缺损质量问题，本社销售中心负责调换。

定　　价：30.00元

编写人员名单

主　编　武现军

参编人员

武现军（河北农业大学）

陈立功（河北农业大学）

李玉荣（河北农业大学）

霍书英（河北农业大学）

　　近年来我国家禽养殖业发展迅猛，养殖集约化、规模化、标准化企业比重稳步增加，但发展中仍存在集团化养殖、大型自养场、养殖龙头＋农户和小型自养户等多种养殖模式共存的现象，其从业人员的养殖技术和防疫管理水平参差不齐；饲料企业规模和生产水平、饲料质量也是良莠不齐。这就决定了近年来我国家禽疫病流行的复杂性和多发性，表现在老的疫病、营养代谢病依然存在，新的疫病又不断出现，家禽养殖场发病率和伤亡率不断提高，这不但给养禽业造成了巨大的经济损失，也给我国人民的食品安全带来了严重威胁，更给我国畜牧兽医工作者和各级兽医从业人员提出了严峻的挑战，因此对于畜禽疫病防控的严峻形势已经引起了国家的高度重视。为此，我们结合多年来的教学、科研和临床实践经验，编写了本书，以期为我国家禽养殖业和禽病防治从业人员提供一些帮助，提高其兽医临床诊断水平，为养禽业的健康发展贡献自己应尽的责任。

　　本书的作者均具有多年的兽医教学、科研和临床一线经验，在书稿的编写过程中对多年所采集的临床病例及剖检照片进行了认真的筛选和整理，但由于水平有限，在内容上难免仍会存在不当和疏漏之处，敬请广大同仁和业界技术人员给予批评指正，以便将来再版时修正。

武现军

2014 年 4 月

鸡常见病诊治彩色图谱

CONTENTS → **目 录**

第一章 传染病

第二章 寄生虫病

第三章 营养代谢病

参考文献

第一章

传染病

一、禽流感

（一）病原与流行病学

禽流感是由正黏病毒科A型流感病毒引起的全身性或呼吸系统疾病，多种家禽、野禽均可感染的高度传染性疾病。

（二）临床症状

流感根据所感染毒株的毒力、鸡群疫苗的免疫状况及饲养管理条件的优劣，感染后表现的症状有轻度的呼吸症状至极高的死亡率等不同的表现形式。初期感染症状有精神沉郁、乍毛、有轻度呼吸症状、头或脸部肿胀，并逐渐出现鸡冠、肉垂青紫、出血（图1-1，图1-2），腿部和指爪鳞片出血（图1-3，图1-4），排黄白色稀便和伤亡；食欲轻度下降直至废绝；产蛋鸡蛋壳颜色开始褪色，并出现薄壳蛋、软蛋，产蛋率快幅下降，直至停止产蛋；有时出现头颈扭曲、抽搐等神经症状。

图1-1 蛋鸡感染流感早期鸡冠、肉垂、颜面部肿胀（武现军摄）

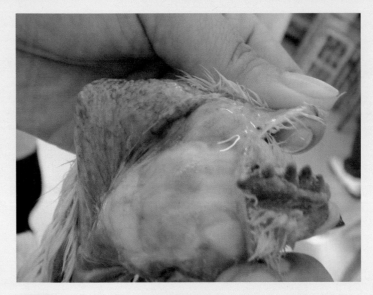

图1-2 自然感染流感肉用仔鸡鸡冠出血、头部皮下水肿（武现军摄）

图1-3 肉鸡感染流感后，跗关节周围鳞片出血（武现军摄）

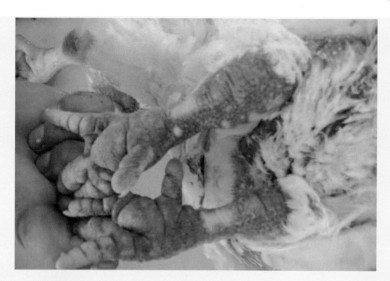

图1-4 自然感染禽流感后腿部、趾爪皮肤严重出血（武现军摄）

（三）特征性剖检病变

颜面及下颌部皮下水肿，呈胶冻状；胸腔内侧脂肪出血（图1-5）；心外膜、房室瓣腱索出血；腺胃肿胀，甚至腺胃乳头出血，肌胃角质膜下出血（图1-6），肠黏膜弥漫出血；胰腺坏死、出血或胰腺边缘线状出血（图1-7，图1-8）；肾脏肿胀花斑（图1-9）。蛋鸡可见卵泡出血、变形、液化（图1-10）；输卵管系带、子宫、阴道黏膜水肿；管腔充满蛋清样分泌物（图1-11～图1-13）。

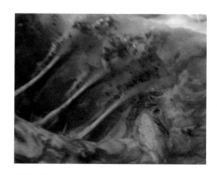

图1-5 胸腔内侧、肺脏边缘脂肪出血
（武现军摄）

图1-6 腺胃肿胀、腺胃乳头出血（武现军摄）

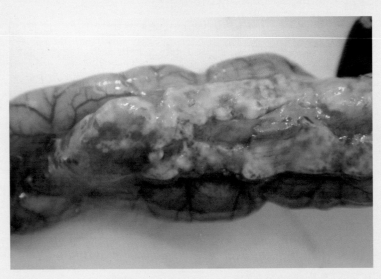

图1-7 胰腺坏死、出血（武现军摄）

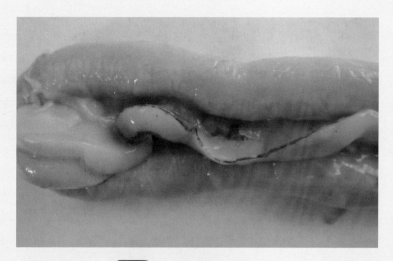

图1-8 胰腺边缘出血（武现军摄）

图1-9 蛋鸡感染流感后，卵泡液化形成卵黄腹膜炎，肾脏肿胀花斑（武现军摄）

图1-10 卵泡出血、液化（武现军摄）

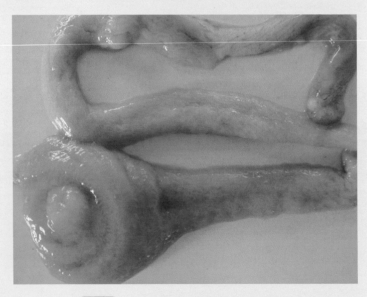

图1-11 输卵管及子宫黏膜水肿（武现军摄）

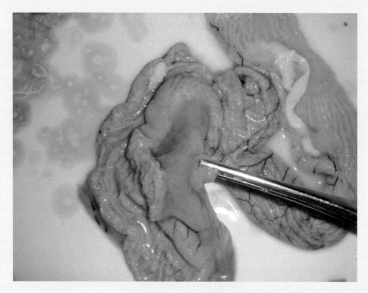

图1-12 输卵管系带水肿、管腔有蛋清样分泌物 （武现军摄）

图1-13 壳腺黏膜水肿似柚子粒状 （武现军摄）

（四）预防与控制

（1）空气和粪便是禽流感相互传播的主要途径，因此保持鸡舍空气清新、做好鸡舍粪便的及时清理和无害化处理是降低鸡群感染概率的有效手段。

（2）鸡场、鸡舍相互之间污染车辆、用具、人员的交流，以及野生鸟类出入鸡舍也是病原传播的重要途径，因此，严格的生物安全措施是控制禽流感传播的关键。

（3）免疫接种禽流感灭活疫苗是控制禽流感流行的有效措施。免疫时注意与法氏囊炎、新城疫疫苗、喉气管炎疫苗等活毒疫苗的免疫错开至少十天以上，并一定要做好针头的消毒，避免交叉感染。

（4）突发高致病性禽流感时，应及时确诊、上报，实施扑杀和无害化处理感染鸡群是控制和根治禽流感疫情的关键措施。

二、新城疫

（一）病原与流行病学

鸡新城疫是由副黏病毒引起的高度接触性传染病，又称亚洲鸡瘟或伪鸡瘟，未免疫过新城疫疫苗的鸡群感染后常呈急性败血经过，死亡率高，对养鸡业为害严重。本病1926年首先发现于印度尼西亚，不久又在英国新城发现，并根据发现地命名为"新城疫"。本病在世界各国均有流行记载。病毒分为低毒力型（即缓发型）、中等毒力型（即中发型）、强毒力型（即速发型）三型。多数高强毒力株常属嗜内脏型新城疫病毒。鸡科动物都可患罹本病。家鸡最易感，雏鸡比成年鸡易感性更高。鹌鹑、鸽子、鸭、鹅、珠鸡、火鸡、雉、孔雀等也能感染。哺乳动物对本病有强大抵抗力，但人偶有感染而患结膜炎。

（二）临床症状

自然感染潜伏期为2～15天，其长短因感染病毒的毒力、鸡群的日龄、免疫状态、饲料和饲养环境条件、感染的途径的不同而异，平均5～6天。临床症状也因感染新城疫病毒的毒力而表现不同。Beard和Hanson根据感染鸡所表现的临床症状将新城疫归纳为以下几种致病型。

（1）Doyle型　又称为嗜内脏速发型新城疫。所有日龄的鸡感染均表现为急性、致死性经过，常见特征为消化道出血性病变。

（2）Beach型　所有日龄鸡均易感，并表现为急性致死性经过，其特征表现为呼吸道和神经症状。又称为嗜神经速发型。

（3）Beaudette型　一般幼禽自然感染，常引起呼吸症状；成年鸡产蛋率明显下降，有可能出现神经症状，为中发嗜神经型。该型病毒可用做活毒疫苗进行第二次免疫。

（4）Hitchner型　属于缓发型病毒，可引起幼禽和易感的幼龄禽出现轻呼吸道感染；一般不引起成年禽发病。该型病毒一般用做活毒疫苗。

（5）无症状—肠型　属于缓发型嗜内脏病毒，不引起明显的症状。可用做活毒疫苗。

国内多根据临床表现和病程的长短将新城疫分为最急性、急性、慢性三种类型。

最急性型：常无特征性症状而突然发病死亡，死亡率高，在雏鸡、青年鸡中多见。由嗜内脏速发型新城疫感染常表现为开始精神沉郁，呼噜，浓绿色下痢，死前肌肉震颤、斜颈，腿翅麻痹和角弓反张症状。嗜神经速发型发病经过较为缓慢，主要表现为呼吸道症状和神经症状。

急性型：体温升高、精神沉郁、食欲降低或废绝、渴欲增加；有咳嗽、呼噜症状，产蛋鸡产蛋率下降，软壳蛋薄壳蛋增多，蛋壳颜色变浅；嗉囊积水、气，低头口吐黏液；排黄绿色或绿色粪便（图1-14），有的病鸡后期可出现神经症状，头颈扭转、转圈等症状。

亚急性型或慢性型：症状同急性型相似，但病死率低，往往表现为亚临床症状，多发生于免疫过的成年鸡。症状的轻重往往与鸡群饲料的营养状况、有无细菌的并发感染和饲养环境的好坏表现不

同。可导致呼吸症状和神经症状，产蛋鸡产蛋率降低，排绿色稀便或干而绿的粪便（图1-15）。

图1-14 神经型新城疫表现为扭颈、共济性失调（武现军摄）

图1-15 新城疫感染鸡排绿色稀便

（三）特征性剖检病变

肠道淋巴滤泡肿胀、出血、溃疡，尤其是十二指肠升支后1/3处、空肠卵黄蒂后2～3厘米处、后段回肠处的病变最为明显（图1-16～图1-18）；腺胃贲门与腺胃乳头肿胀、出血（图1-19，图1-20）；泄殖腔出血；支气管黏膜水肿、出血；强毒株感染可出现脾脏粟粒大小灰白色或淡红色坏死灶（图1-19，图1-21），直肠、泄殖腔也出现针尖到粟粒大坏死灶。

图1-16 剖开肠管前浆膜面可见肿胀出血的淋巴集结 （武现军摄）

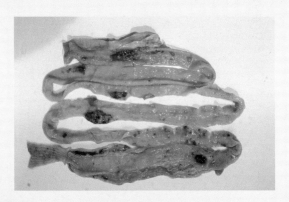

图1-17 剖开肠管前浆膜面可见十二指肠升支、卵黄蒂附近和
后段回肠淋巴集结溃疡 （武现军摄）

鸡常见病诊治彩色图谱

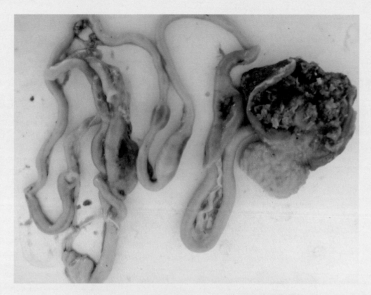

图1-18 蛋鸡感染新城疫致腺胃乳头，肠淋巴集结出血溃疡（武现军摄）

图1-19 腺胃乳头水肿、贲门肿胀并轻度出血。脾脏坏死灶（武现军摄）

图1-20 新城疫感染致腺胃乳头出血（武现军摄）

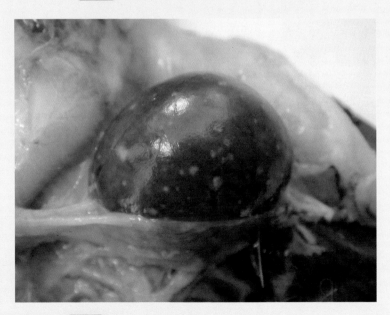

图1-21 新城疫感染致脾脏灰白色坏死灶（武现军摄）

（四）预防与控制

疫苗的免疫是预防和控制新城疫的有效手段。鸡群一旦感染典型的新城疫，临床没有特效的治疗药物。非典型的新城疫可以采用强制免疫来有效地控制病情；亦可采用注射高免血清或卵黄抗体进行治疗，但由于抗体效价的不稳定，疗效往往达不到理想的效果；采用中草药配合维生素C和维生素E进行治疗，有细菌继发感染时可以配合抗生素进行治疗，也具有一定的治疗效果。

制定适合本地疫情特点的免疫程序，是防制新城疫感染的最有效手段。免疫程序的制定，除了需要了解当地疫情之外，还需要考虑一些可能影响到免疫效果的因素。如雏鸡的母源抗体水平、鸡的日龄、其他疫苗的影响和干扰、某些免疫抑制性疾病的影响、饲养管理（包括饲养环境和饲料环境的控制）以及免疫的途径等对免疫的影响。

免疫途径是保证良好免疫效果不可忽视的。注射法免疫可以使血液中产生较多的免疫抗体，而喷雾、滴鼻、点眼和饮水可以使呼吸道、消化道黏膜产生较高的抗体。在用于实际生产的免疫程序中，这几种免疫途径往往结合使用，这样才能既保持了血液高水平的循环抗体，又保证了呼吸道、消化道黏膜高水平的局部抗体，对于提高鸡群的整体抗病能力可以起到更为有效的作用。

三、马立克氏病

（一）病原与流行病学

马立克氏病（MD）是鸡的一种很常见的由 α 疱疹病毒亚类的 Mardivirus 属、血清Ⅰ型病毒感染所致的淋巴细胞增生性疾病，可通过呼吸、接触直接传播或通过昆虫间接传播。本病的临床症状与病变的部位有关，一般分为神经型、眼型、内脏型和皮肤型四型。发病鸡群一般在一月龄以上，发病鸡死亡率在50%～80%。鸡是马立克氏病最重要的自然宿主，鹌鹑、火鸡和雉也很易感染马立克氏病毒而发病。

（二）临床症状

神经型：致死率不高，但发病持续时间较长，主要以侵害末梢神经为主。当侵害颈部迷走神经时，可导致颈部麻痹而下垂或斜颈，嗉囊松弛或呼吸困难。翼神经丛和坐骨神经丛受侵害则表现为翅膀下垂、劈叉等特征性症状（图1-22）。

图1-22 马立克氏病感染鸡劈叉姿势 (武现军摄)

眼型：失明，虹膜受损，正常色素消失，瞳孔收缩，边缘不整，呈同心圆状或斑点状灰白色，俗称"灰眼病"（图1-23）。

内脏型：精神不振、逐渐消瘦而死亡。

皮肤型：多见病鸡颈部、翅膀、背部和尾部皮肤毛囊肿大，皮肤增厚，形成米粒大至蚕豆大的小结节或疣状物。

（三）特征性剖检病变

神经型：腰荐神经丛、坐骨神经丛、翼神经丛、颈部迷走神经等肿粗、发黄、横纹消失（图1-24～图1-26）。

图1-23 眼型马立克氏病虹膜呈环状或斑点状褪色，
呈浅灰色浑浊，瞳孔边缘不整（武现军摄）

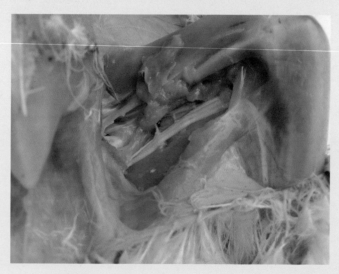

图1-24 患马立克氏病病鸡左侧没有肿胀的坐骨
神经可见明显的横纹（武现军摄）

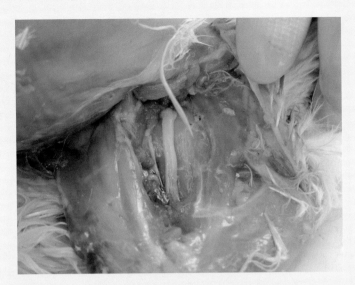

图1-25 患马立克氏病病鸡右侧肿胀的坐骨神经横纹消失（武现军摄）

图1-26 左侧迷走神经肿胀、横纹消失（武现军摄）

　　眼型：虹膜呈环状或斑点状褪色，呈浅灰色浑浊，瞳孔边缘不整（图1-23）。

　　内脏型：肿瘤可出现于肝脏、心脏、肾脏、卵巢、脾脏、睾丸、腺胃等器官（见图1-27，图1-28），可见这些器官体积增大、布满大小不等、形状各异的白色或灰黄色肿瘤结节，法氏囊通常萎缩而不形成肿瘤。

图1-27 肝脏、脾脏布满大小不等的肿瘤结节（武现军摄）

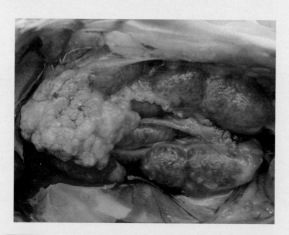

图1-28 马立克氏病感染导致卵巢与肾脏肿瘤（武现军摄）

皮肤型：以毛囊为中心形成肿瘤，呈孤立的或融合的白色隆起结节，表面呈鳞片状棕色结痂，皮下肌肉病变多出现在胸肌，成灰白色黄豆粒大到蚕豆粒大结节。

（四）预防与控制

目前对于马立克氏病没有有效的治疗药物，生产实践中主要通过对1日龄雏鸡的马立克氏疫苗的皮下注射预防本病的发生。由于传染性MDV可随羽囊上皮细胞颗粒脱落而污染环境，在被其污染的地方，传染性大约能保持6个月。故雏鸡1日龄免疫马立克氏疫苗后能否实现良好保护，最重要的是要求接种疫苗后的雏鸡与MDV强野毒株的接触时间尽可能晚。因此，生物安全措施和环境卫生规程是疫苗接种取得成功的关键。如果这些免疫过马立克氏疫苗的雏鸡过早地接触强毒性的马立克氏野毒，有可能会导致免疫的效果降低，甚至失败。

一些免疫抑制性因素可以导致马立克氏疫苗免疫的失败。如强的应激，饲料霉菌毒素的污染，一些导致免疫抑制的病毒性疾病——传染性法氏囊炎病毒、网状内皮增殖症病毒、呼肠孤病毒、传染性贫血病毒都可干扰疫苗的免疫效果，因此良好的饲养管理条件、种鸡群某些垂直传染性病毒性疾病的净化对于马立克氏病的预防与控制都具有重要的意义。

四、鸡白血病/肉瘤群

（一）病原与流行病学

鸡白血病病毒属于反转录病毒科的 α 反转录病毒属，呈圆形或椭圆形，有囊膜。根据囊膜蛋白的抗原不同分为多种亚群。可以通过种蛋由种鸡垂直传播给雏鸡和通过直接的或间接的接触在鸡之间水平传播，而诱发多种形式的良性或恶性肿瘤性疾病。主要发病于成年鸡，公鸡比母鸡发病率低，且随着日龄的增长，发病率逐渐增加。一年以上的鸡发病率又逐渐降低。

（二）临床症状和剖检病变

淋巴细胞白血病：病鸡表现精神沉郁，食欲不振，腹泻、逐渐消瘦；有些病鸡腹部膨大，鸡冠苍白、皱缩、偶见发绀。剖检可见肝脏肿大数倍，可见结节型、果粒型或者弥散型肿瘤（图1-29），呈苍白、灰黄色，有时有出血或坏死；上述病变还可见于卵巢（图1-30）、胰脏（图1-29，图1-31）、腺胃（图1-32）、脾脏、肾脏、法氏囊（图1-33）等。

骨髓细胞瘤：于头骨、肋骨、胸骨及跖骨等处肿大增生（图1-34），且多发于软骨、骨表面及与骨膜连接部位，呈弥漫结节状。

间皮瘤：食欲不振，消化不良，拉黄白色稀粪；剖检在肠系膜、胃肠浆膜上形成大量米粒至黄豆粒大肿瘤结节（图1-35）。

图1-29 肿大的肝脏可见大小不一的白色肿瘤结节，胰腺布满肿瘤结节（武现军摄）

图1-30 卵巢卵泡变形，整个卵巢呈菜花样，被侵害的右侧
输尿管肿粗数倍（武现军摄）

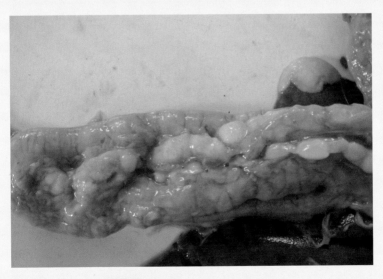

图1-31 胰腺肿瘤结节（武现军摄）

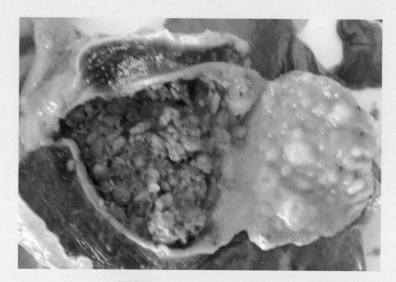

图1-32 腺胃肿瘤结节（武现军摄）

图1-33 健康成年鸡法氏囊在生理上已经萎缩或消失，但发病鸡法氏囊肿大，切面呈乳白色（武现军摄）

图1-34 胸骨内侧骨髓细胞瘤（武现军摄）

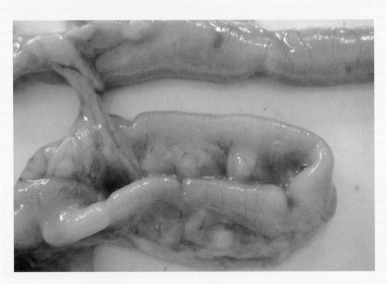

图1-35 肠壁、肠系膜肿瘤结节（武现军摄）

血管内皮瘤：在皮肤或内脏形成血泡，可单个或多个出现；瘤体破裂后，可导致流血不止，直至死亡（图1-36～图1-38）。

图1-36 趾爪部血管瘤（武现军摄）

图1-37 食道黏膜下血管瘤（武现军摄）

图1-38 颈部皮下血管瘤（武现军摄）

骨石化症：感染的骨骼通常为两侧胫骨、跗骨的骨干明显肿粗，呈"穿靴样"，随着病情的发展，会趾爪坏死、脱落。

（三）预防与控制

鸡发生白血病后没有特效药物进行治疗。目前也没有合适的疫苗对该病进行免疫预防，因此，只能通过加强饲养管理和对种鸡群进行病原净化。生产实践中建议不同鸡场采取如下相应措施进行综合防控。

（1）防止垂直传播是最有效的防控白血病流行的手段。原代种鸡场、祖代鸡和父母代鸡场应通过严格的净化来保证种鸡群不含本病病原。而商品蛋鸡场，应做到不从感染本病的种鸡场采购鸡苗。

（2）防止水平传播。水平传播也是引起白血病发生的主要原因。如果某鸡场曾经流行过白血病，而没有进行彻底的环境和器具消毒，则有可能通过感染鸡的粪便、分泌物、污染鸡舍笼具、用具

等感染健康鸡，致使白血病在一个鸡场内呈现不同批次鸡群连续感染。

（3）防止疫苗源性的白血病传播。一些污染的活毒疫苗或者一些非SPF种蛋生产的活毒疫苗如果含有白血病病毒，接种后可能引起鸡发生淋巴细胞性白血病。因此，养殖企业在活毒疫苗免疫时尽量使用有质量保证的疫苗。

（4）大型养殖企业应做好血清抗体监测，及时淘汰阳性鸡，隔绝传染源，并通过及时的消毒，切断传染途径，是防范白血病发生和传播的有效手段。

（5）加强饲养管理。平时要加强鸡群饲养管理，供给鸡群全价而安全的配合饲料，并根据季节和不同的生长阶段，合理补加相应的维生素，以提高鸡群的抗病能力。必要时可以通过添加一些免疫促进剂来增强鸡群的免疫功能，都是有效防止鸡群感染疾病的手段。

五、鸡痘

（一）病原与流行病学

鸡痘是由痘病毒科禽痘病毒属的鸡痘病毒引起的一种急性、接触性传染病，特征是在鸡的皮肤无毛部位出现散在的、结节状的增生性皮肤病灶（皮肤型），或在上呼吸道、口腔和食管黏膜出现纤维素性坏死和增生性损伤（白喉型）。

鸡痘病毒可以感染各种日龄的鸡，一年四季均可发生，但秋、冬季节最易发生，秋季以皮肤型鸡痘多见，而冬季多见白喉性鸡痘。在污染的环境中，含有病毒的羽毛和脱落的结痂碎屑所形成的气溶胶，可以通过损伤的皮肤进行机械性传播；也可以通过鼻泪管和呼吸道黏膜引起上呼吸道的感染；蚊虫、羽螨、羽虱也是鸡痘传播的重要媒介。

（二）临床症状与特征性剖检病变

皮肤型：在身体少毛、无毛的部位，如鸡冠、肉垂、嘴角、颜面部（图1-39）、腿、趾爪部、鸡翅膀的内侧，首先形成白色、灰白色小结节，逐渐成为带红色的小丘疹、痘斑，严重后可融合成片，形成干硬、粗糙的结痂。如果继发葡萄球菌，极易引起较大的伤亡。

白喉型：发生于口腔、咽喉及气管黏膜表面；初期病鸡食欲不振、张口伸颈呼吸。剖检可见口腔、咽喉及气管的上段有灰白色小斑点，逐渐转为粉白色、半透明的米粒大至黄豆粒大突起于黏膜表面的、形状各异、湿润光滑的痘斑（图1-40）。随着痘斑的增大、融合，表面形成黄白色、干酪样的假膜，去除假膜，下面可见出血和溃疡，重症干酪样物堵塞喉头和气管前段，导致死亡。

图1-39　鸡冠部位痘斑（武现军摄）

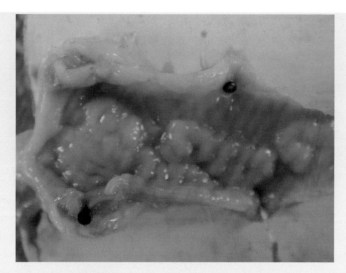

图1-40 喉头湿润光滑的痘斑（武现军摄）

（三）预防与控制

（1）加强饲养管理，搞好鸡舍灭蚊虫工作。由于蚊子是鸡痘的主要传播媒介，应对鸡舍周围所有可以孳生蚊虫的水源进行清理排查；鸡舍可通过钉好纱窗、纱门，安装灭蚊灯等方式，防止蚊子进入和杀灭进入鸡舍的蚊子。同时注意鸡舍的严格消毒，以消除鸡舍环境的鸡痘病毒。

（2）适时的预防接种鸡痘疫苗。蛋鸡通常首次免疫在10～20日龄，二次免疫在开产前进行。为有效预防鸡痘发生，应根据各地情况，在蚊虫孳生季节到来之前，做好免疫接种。即使在冬季，也应该注意鸡痘的免疫，因为鸡痘病毒对环境的抵抗力很强，能在环境中存活数月，防止在冬季发生白喉性鸡痘。需要注意的是，免疫鸡痘疫苗后必须认真检查。如果在接种后7～10天于接种部位出现红肿、结痂，随后脱落，则说明接种有效，否则，必须重新接种。在鸡场发生鸡痘感染初期，可以对尚未感染的鸡进行紧急预防接种，以有效控制病情的蔓延。

（3）鸡痘弱毒疫苗对新城疫弱毒疫苗免疫效果有严重的干扰作用，在鸡痘疫苗接种后最好间隔半月以上才免疫新城疫疫苗。

（4）目前没有特效的药物控制鸡痘的感染，但可以采用对症治疗和防止继发感染，控制病情的进一步加重和蔓延。对于皮肤型鸡痘，可先用1%高锰酸钾溶液冲洗痘痂，而后用镊子小心剥离，伤口处涂擦龙胆紫或碘酊。口腔、咽喉处用镊子除去假膜，用0.1%高锰酸钾液冲洗，再涂碘甘油，或喷上冰硼散。临床实践证明：使用碘化钾50克配水150～200千克，全天饮服，对于白喉性鸡痘有较好的防治作用，同时注意适当增加饲料维生素A、维生素C的添加剂量，有助于病情的好转。

六、传染性喉气管炎

（一）病原与流行病学

传染性喉气管炎是由疱疹病毒科、α疱疹病毒亚科、鸡传染性喉气管炎病毒引起的，主要发生于鸡的一种急性或温和型呼吸道传染病。严重感染可引起呼吸困难、咳嗽、甚至咯血，有很高的致死性；温和性感染可导致气管黏膜粗糙、肿胀、发黄，有黏液，有明显的呼噜症状，致死率较低。不同日龄、不同品种的鸡都可感染，但以青年鸡和成年鸡感染症状尤为明显。本病一年四季均可发生，但以秋、冬、春季多发。

（二）临床症状

感染初期流鼻液、流眼泪，以后呼吸症状逐渐严重，出现呼噜、有湿啰音，进而出现张口、伸颈呼吸（图1-41），咳嗽，有时可以咳出血性黏液或血条；气管出血严重而咳不出时，可突然窒息死亡。死鸡鸡冠发紫。发病鸡群产蛋率下降甚至停产。

图1-41 病鸡精神沉郁、张口伸颈呼吸（武现军摄）

（三）特征性剖检病变

温和型病例：喉头、气管粗糙，水肿发黄，多黏液；刮取喉头、气管黏膜，经涂片、姬姆萨染色，可见上皮细胞核内包涵体颗粒。

重症病例：发病急、突然出现死亡；喉头气管严重出血（图1-42），气管内有多量血性黏液或血条；胸肌苍白（图1-43）。

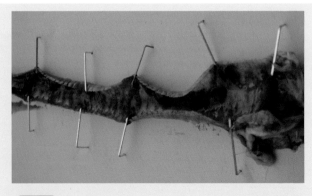

图1-42 气管黏膜严重出血，气管内有血凝块（武现军摄）

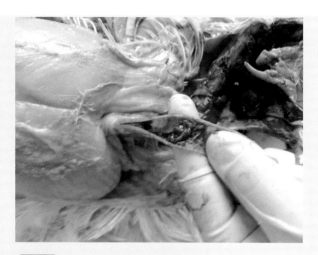

图1-43 气管血凝块堵塞窒息死亡，胸肌苍白 (武现军摄)

（四）预防与控制

（1）综合防治措施　坚持严格的隔离消毒制度，保持合理的饲养密度，注意及时清理鸡舍粪便，加强通风换气，供给富含维生素A、维生素C、维生素E的饲料，减少鸡群感染霉形体和大肠杆菌等疾病的风险等，都是减少本病发生的重要措施。

（2）鸡群感染喉气管炎后，如果鸡群整体发育良好，前期没有感染支原体、大肠杆菌等呼吸道疾病，尽快采用滴肛或擦肛方法接种，紧急接种喉气管炎弱毒疫苗是及时控制病情的有效办法，但在接种疫苗之后需要使用维生素C连续饮水三到四天，以降低鸡群的免疫应激和免疫反应。但是如果鸡群发育不整齐，前期饲养过程中支原体反复发作，鸡舍环境卫生也比较恶劣，则不适于紧急预防接种，可以使用具有止咳化痰、清肺理气功能的中药方剂配合维生素C进行治疗，可以控制病情的发展。

（3）在以往接种过喉气管炎疫苗或者发生过喉气管炎疫情的鸡场，可以通过预防免疫接种喉气管炎弱毒疫苗来防止病情的发生。通常产蛋鸡在产蛋前要免疫两次喉气管炎疫苗，首次免疫在40日龄

左右，二次免疫可于80日龄左右进行，免疫后同样使用富含维生素A、维生素C的复合多维饮水三到四天，以降低鸡群的疫苗反应。同时要注意接种疫苗之前鸡群应发育良好，无慢性呼吸道疾病，否则喉气管炎疫苗的免疫可引起严重的疫苗反应，甚至发病而出现伤亡。

七、传染性支气管炎

（一）病原与流行病学

传染性支气管炎是由冠状病毒科、冠状病毒属的鸡传染性支气管炎病毒引起的一种急性、高度接触性传染病，可引起呼吸道、肾脏、消化道、输卵管甚至肌肉病变的一种传染病。不同品种、日龄、性别的鸡均易感，1～4周龄的幼年鸡群易感性更强且多发。本病常年可以发生，但冬春寒冷季节发病较多。感染鸡可以通过呼吸道、消化道和输卵管排毒，在鸡群内和鸡群间传播。

（二）临床症状

呼吸型：雏鸡传染性支气管炎的特征性呼吸症状表现为喘气（图1-44）、气管啰音、咳嗽、打喷嚏或者流鼻液。在饲养环境恶劣的鸡舍，极易继发支原体、大肠杆菌、副嗜血杆菌、鼻气管炎鸟杆菌的感染而诱发严重的伤亡。随着病情的加重会出现精神萎靡、食欲下降、羽毛蓬乱、昏睡、怕冷、下痢等症状。6周龄以上口龄大的鸡群和成年鸡群感染后，呼吸症状较轻，伤亡率也较低，甚至不引起伤亡；但产蛋鸡感染会导致产蛋率、蛋壳质量下降，软壳蛋、畸形蛋增加（图1-45），鸡蛋的蛋清变稀等现象。产蛋率下降的幅度与鸡群所处的产蛋期和感染的毒株毒力不同而异。种鸡感染，其受精蛋的孵化率下降。据报道，1日龄感染IBV可导致母鸡输卵管永久性损伤，致使产蛋期卵巢发育正常而输卵管发育异常，病鸡鸡冠红而肥大，但无法产蛋（图1-46），这种"假母鸡"的发病率可占到鸡群总数的26%左右。人工染毒雏鸡试验发现，M41和肾病变型传染性支气管炎病毒可导致壳腺部上皮细胞雌激素和孕激素的受体表达障碍，蛋白分泌部受体的表达也有所降低。这可能是蛋鸡感染传染性支气管炎后，蛋清和蛋壳品质下降的主要原因，同时也是导致雏鸡感染输卵管发育不良的原因之一。

图1-44 雏鸡发呆，张口伸颈呼吸 (武现军摄)

图1-45 蛋鸡感染传染性支气管炎后蛋形、蛋壳质量大小异常 (武现军摄)

图1-46 "假母鸡"外观正常，鸡冠肉垂鲜红，羽毛光亮，腿部皮肤呈黄色 (武现军摄)

　　肾病变型：多发于10周龄以下雏鸡，成年鸡很少发生。鸡群发病初期症状不明显，有轻微呼吸症状，随后死亡率突然增加，死鸡全身皮肤发紫，腿发干，有脱水现象，且死鸡不分壮弱；鸡群饮欲增大，白色水样腹泻。发病往往在鸡群持续时间较长，甚至长达两周以上。

　　腺胃病变型：一般在初期感染时表现不明显，后逐渐食欲下降，精神不振，羽毛蓬松，拉黄白色稀便，体重逐渐降低，最后衰竭而死。往往在一些管理较差、鸡群密度较大、通风不良、鸡舍昼夜温差较大的鸡场较易发生，且发病后病程很长，甚至长达月余，导致期间各种疫苗的免疫效果不佳，甚至免疫失败。鸡舍环境控制较好，饲料营养条件好的鸡群较少发病，且发病后病程也较为短暂。

（三）特征性剖检病变

以呼吸症状为主的雏鸡，剖检可见气管、鼻窦有浆液性、卡他性或干酪样渗出，支气管出血（图1-47，图1-48）；气囊表现为轻度浑浊、增厚；肺脏肺门或一级支气管附近出现灰红色肺炎灶。

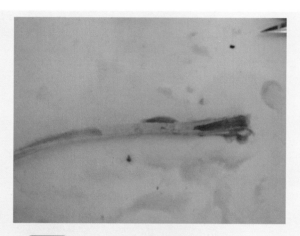

图1-47 IBV感染致气管下端黏膜出血（武现军摄）

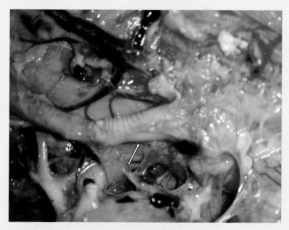

图1-48 传支感染后，于一级支气管处形成干酪样栓塞（箭头指示）（武现军摄）

　　肾病变型病例可引起肾脏高度肿胀、苍白，肾小管因尿酸盐沉积而呈白色条纹状，呈花斑肾状（图1-49，图1-50），肾脏切面会有白色石灰乳样物渗出；输尿管因尿酸盐沉积而怒张；严重病例可于心包、心外膜、肝脏表面、气管黏膜、气囊出现白色石灰样尿酸盐附着。

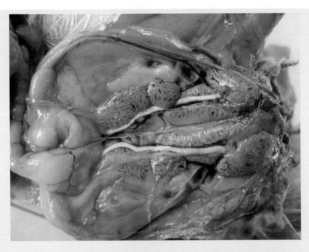

图1-49 肾病变型传支剖检表现为肾脏肿胀花斑，输尿管积聚尿酸盐 (武现军摄)

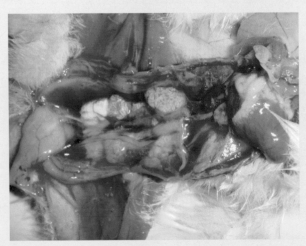

图1-50 7日龄雏鸡感染腺胃型传支后肾脏严重肿胀、花斑 (武现军摄)

腺胃型表现为腺胃严重肿大，浆膜面可见肿胀的复管腺；腺胃黏膜肿胀、出血，腺胃乳头基部呈环状出血（图1-51），有时腺胃乳头溃疡，似火山口状（图1-52）；大部分此类型病鸡肾脏有肿胀花斑。

图1-51 7日龄雏鸡腺胃型传支的腺胃肿胀，黏膜乳头周围环状出血（武现军摄）

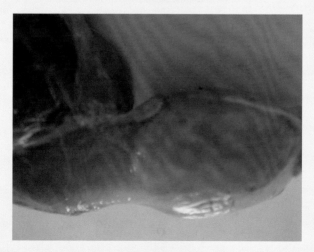

图1-52 7日龄雏鸡腺胃型传支腺胃肿胀，浆膜面可见增生的复管状腺（武现军摄）

　　蛋鸡传染性支气管炎感染通常可见卵泡系带松弛，卵泡呈扁圆或椭圆形（图1-53），输卵管子宫部黏膜水肿（图1-54）。雏鸡阶段感染传染性支气管炎的假母鸡剖检可见卵巢发育正常，腹腔常可见排出的卵泡和破裂于腹腔的卵黄；输卵管发育不良或者输卵管伞到狭部之间没有发育，仅保留子宫部和阴道部，输卵管内积水（图1-55～图1-57）。

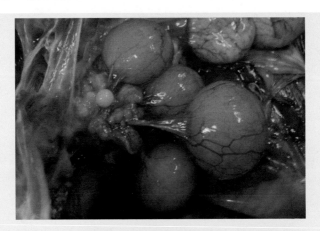

图1-53 卵泡系带松弛（武现军摄）

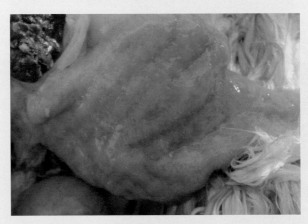

图1-54 子宫黏膜水肿似柚子粒状（武现军摄）

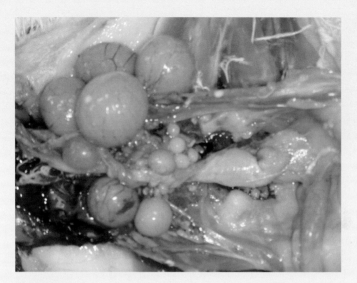

图1-55 "假母鸡"剖检后卵巢发育良好，但输卵管伞部、膨大部缺失，峡部、子宫部发育不良（武现军摄）

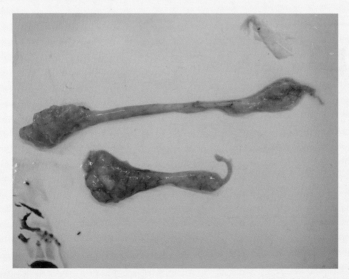

图1-56 发育不良的输卵管峡部以上部分闭锁，输卵管内积水（武现军摄）

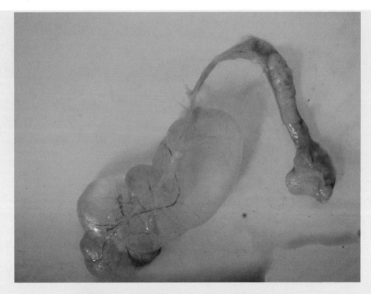

图1-57 输卵管峡部以上闭锁，并形成水疱。
水量多者可达500毫升以上（武现军摄）

（四）预防与控制

（1）加强鸡场的综合防治措施　①供给鸡群营养全价而安全的饲料，在天气突变或者鸡群受到较强应激时，应适当地增加饲料维生素的供应，以提高鸡群的抵抗力。②保持适宜的饲养密度，及时的清理鸡舍粪便，并加强鸡舍的通风换气，保持鸡舍空气清新，降低有害气体对呼吸道黏膜的有害作用。③健全鸡舍的消毒制度。由于传染性支气管炎病毒可以在内脏器官存在很长时间，期间仍可以通过呼吸和粪便向环境排毒，因此，通过定期的喷雾消毒减少舍内空气中的病原微生物，可降低通过呼吸系统感染传染性支气管炎的风险。

（2）适时的疫苗免疫接种　产蛋鸡可以在出壳后一周、10～14周卵巢开始发育期、开产前后和产蛋进入高峰之前进行免疫，可以起到较好的免疫效果。尽管弱毒疫苗比灭活疫苗有更好的免疫效果，但由于传染性支气管炎病毒的血清型和突变株众多，各血清型和毒株之间虽有一定的交叉免疫效果，其交叉保护率并不高，因此，可以使用活毒疫苗和多价灭活疫苗同步免疫可以取得较好的免疫效果。在一些发病比较严重的鸡场采用自家灭活疫苗进行免疫，可以取得较好的免疫效果。

（3）治疗措施 已经发病的鸡群，如果呼吸症状较为严重，可以使用具有抗病毒、止咳平喘作用的中药，配合维生素C进行治疗；腺胃炎型可以使用具有抗病毒、助消化、利肝胆的中药方剂，配合肠道消炎药、有助于降低尿酸盐生成、促进尿酸盐排泄的药物进行治疗；肾病变型可以采用抗病毒的中药，配合丙磺舒或别嘌醇进行治疗。

八、病毒性关节炎

（一）病原与流行病学

病毒性关节炎是由呼肠孤病毒感染而引起的一种传染病，又称病毒性腱鞘炎。该病可以垂直传播和经由口腔、呼吸道和破损的皮肤水平传播；该病毒主要侵害肉鸡，蛋鸡也有发生。自然感染多见于4～7周龄的鸡，也见于更大日龄的鸡。但随着年龄的增大，对该病的抵抗力也增加。此病毒除了引起腱鞘炎外，还可以导致免疫器官萎缩、免疫抑制、生长障碍、心包积水、肠炎、肝炎等综合征。

（二）临床症状

病鸡多呈隐性感染，不表现明显症状，但可引起免疫抑制和生长迟缓。急性发作时，首先出现跛行、站立困难，精神稍显沉郁（图1-58）；部分鸡生长迟缓；单侧或双侧跗关节肿胀，关节附近皮肤触之有发热感，跟腱严重出血或断裂的病鸡，关节处皮肤发绿色（图1-59）。

图1-58 感染鸡只站立困难，关节肿胀（武现军摄）

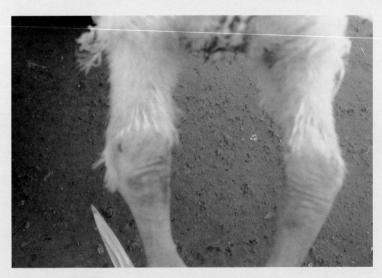

图1-59 肿胀的跗关节部皮肤发红、发青（武现军摄）

（三）特征性剖检病变

肉眼可见病变：切开跗关节皮肤，关节内含有少量草黄色或血样渗出物，跟腱肿胀，出血（图1-60），甚至严重出血、断裂。腱鞘炎转为慢性时，可出现腱鞘纤维组织增生，导致关节僵硬、固化，无法伸曲。

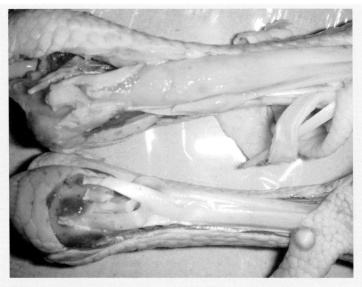

图1-60 病鸡剖检后右侧跟腱明显肿胀、关节囊内有浅黄色渗出物（武现军摄）

（四）预防与控制

病毒性关节炎没有特效治疗药物，只有依靠严格的卫生防疫制度及接种疫苗来防止本病。对于已经发生过病毒性关节炎的鸡场，为防止下一批鸡发生感染，应对鸡舍及环境进行彻底清扫、冲洗和消毒。呼肠孤病毒属于无囊膜的病毒，具有较高的稳定性，可以选用碱类消毒剂、复合酚类消毒剂和有机碘类消毒剂进行消毒。

在本病高发鸡场和地区，可考虑使用病毒性关节炎弱毒疫苗在1日龄进行免疫，但仅限于肉鸡。由于S1133株的活毒疫苗对于马立

克氏病的免疫会产生干扰，建议使用2177株进行免疫。为了防止本病的垂直传染，肉种鸡可在开产前2～3周使用注射油乳剂灭活疫苗进行加强免疫一次，这样母鸡产生的抗体可通过蛋传给雏鸡，使雏鸡在出壳3周内受母源抗体保护。在疫区，这种有母源抗体的鸡雏可在2周龄后接种一次弱毒苗。

九、包涵体肝炎

（一）病原与流行病学

鸡包涵体肝炎是鸡的一种由禽腺病毒引起的传染病。在自然条件下，本病主要发生于3～10周龄肉用仔鸡，以5周龄时多见，蛋鸡及鸽亦有发生。鸡腺病毒有11个血清型。目前，认为鸡腺病毒8型、2型、5型、3型、4型等血清型是鸡包涵体肝炎的主要病原体。可以通过种蛋垂直传播和通过存在于粪便、呼吸道、精液中的腺病毒进行水平传播。在室温条件下，鸡腺病毒的致病力可保持6个月，在干燥的25℃下可存活7天，对福尔马林、次氯酸钠、碘制剂较敏感，对酸、乙醇、酚、硫柳汞有一定程度的耐受性。

（二）临床症状

雏鸡临床表现发热，精神不振，食欲降低，嗜睡，羽毛逆立，缺少光泽，下痢，黄疸，排灰白色或粉灰色水样稀便。两腿无力，甚至伏卧不起。一般无前驱症状，突然发病死亡，发病后3～5天死亡率可达高峰，持续3～5天，以后便停止死亡。蛋雏鸡感染时，往往伤亡率较低，并呈慢性经过；主要表现为采食量偏低，生长缓慢，面色苍白；如未能及时治疗，则成年后鸡冠、肉垂苍白不发育，开产推迟，不出现产蛋高峰。

（三）特征性剖检病变

鸡体消瘦，鸡冠小、苍白或黄染；血液稀薄、色淡；胸部及腿部肌肉黄染，并见出血斑。蛋鸡多表现为肝脏萎缩、颜色变淡呈黄色或黄褐色，表面有出血斑点；胸腺萎缩，法氏囊萎缩、体积变小、壁变薄、失去弹性。蛋鸡和肉鸡往往表现为肝脏肿大、苍白、质脆，有点状或斑状出血灶（图1-61，图1-62）个别病例可见肝脏边缘有黄白色梗死灶；肾、脾肿大，长骨骨髓呈黄白色，有的呈灰白色胶冻状。产蛋鸡卵巢发育不良，输卵管细小。切片或触片检查肝细胞可发现核内嗜碱性或嗜酸性核内包涵体。

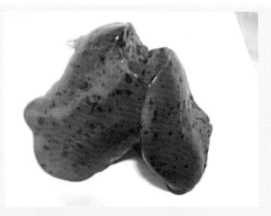

图1-61 青年蛋鸡自然感染肝脏颜色发黄，被膜下有大小不等的出血斑 (武现军摄)

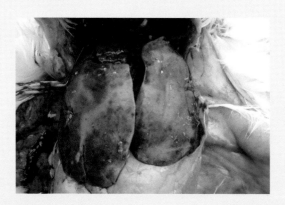

图1-62 肉鸡感染后肝脏肿大、发黄，被膜下大小不一的出血斑 (武现军摄)

（四）预防与控制

（1）目前尚无有效疫苗和特殊有效的药物防治该病，因此严格的卫生防疫措施，提供鸡群全价而安全的饲料，使鸡群保持高水平的免疫抵抗力，是防止鸡包涵体肝炎传播的重要措施。此外，由于腺病毒可以垂直传播，要控制该病的流行，需要从祖代、父母代种鸡就做好腺病毒的净化工作。

（2）传染性法氏囊病病毒和传染性贫血病毒可以增加腺病毒的致病性，因此，种鸡场做好各种免疫抑制性疾病的净化和免疫工作、商品代鸡场加强法氏囊的免疫是控制鸡包涵体肝炎流行的必要措施。

（3）由于多数鸡群感染本病后，并不一定表现出明显的外观症状，尤其是商品蛋鸡，往往直到开产后没有产蛋高峰才意识到曾感染此病，给养禽业带来较大的损失。因此，严格的饲养管理和认真观察鸡群，及早发现症状、及时诊断是降低损失的有效手段。在确诊病情后，可以使用具有抗病毒、促免疫、利肝胆、助消化的中药方剂连续治疗一段时间，有较好的治疗效果。青年商品蛋鸡在治愈之后，于开产前后连续使用一段时间的维生素 E 和具有保肝作用的药物，如葡醛内酯、牛磺酸，对于生殖系统的发育和生产性能的发挥与维持具有很好的作用。

十、传染性法氏囊炎

（一）病原与流行病学

鸡传染性法氏囊炎（IBD）是多发于中雏和青年鸡的一种急性接触性免疫抑制性病，具有传播迅速、感染率和死亡率高的特点，鸡群一旦感染，很快波及全群。该病原属于双股 RNA 病毒科、禽双 RNA 病毒属，有单层衣壳、无囊膜的病毒粒子。本病毒主要侵害鸡体液免疫中枢器官——法氏囊，使鸡的法氏囊的淋巴细胞变性和坏死，导致免疫功能障碍。该病的发生无季节性，一年四季均可发生。2～10周龄的鸡易感，3～6周龄的鸡最易感染，3周龄以下的鸡感染往往不表现明显的症状，但往往导致免疫抑制；130～150日龄的鸡也有感染的报道，主要表现为鸡冠小，面色苍白（图1-63），产蛋率上升缓慢。该病感染率几乎100%，死亡率1%～30%不等，有强毒株侵害时，死亡率甚至可达60%以上。该病为水平传播，不经种蛋垂直传播。

图1-63 157日龄成年蛋鸡感染法氏囊炎，鸡冠小而薄、面色苍白 (武现军摄)

（二）临床症状

潜伏期为2～3天，发病时病鸡表现羽毛蓬松、畏寒、呆立，采食量减少，排水样稀便或白色稀便，泄殖腔周围羽毛污染。最后病鸡体温下降，衰弱、脱水而死。

（三）特征性剖检病变

剖检可见胸部、腿部肌肉出血（图1-64）；肝脏褪色发黄（图1-65），脾脏肿大，表面散布灰色小病灶；法氏囊初期肿大，浆膜面呈黄色胶冻样（图1-66），黏膜面点状出血（图1-67）；严重病例法氏囊黏膜严重出血、坏死，法氏囊浆膜呈紫葡萄样（图1-68）。随着病情的发展，法氏囊逐渐开始萎缩，黏膜颜色发灰，法氏囊壁逐渐萎缩变薄。腺肌胃交界往往出血；肾脏肿胀花斑，有尿酸盐沉积（图1-69）。

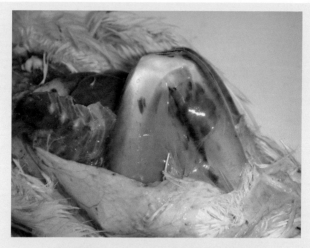

图1-64 病鸡腿肌、胸肌出血（武现军摄）

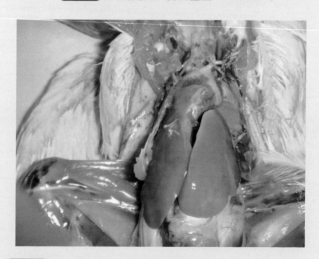

图1-65 感染法氏囊炎的鸡，肝脏颜色变浅，变黄（武现军摄）

图1-66 感染鸡的法氏囊浆膜有浅黄色胶冻状渗出物（武现军摄）

图1-67 法氏囊黏膜点状出血，黏膜坏死、变硬（武现军摄）

图1-68 传染性法氏囊炎感染后黏膜发黄、坏死，或严重出血（武现军摄）

图1-69 传染性法氏囊炎感染后肾脏肿胀花斑（武现军摄）

偶见成年蛋鸡感染法氏囊炎，剖检可见卵巢、输卵管系统发育延迟，胸腿肌肉并无明显出血病变，但可见法氏囊黏膜明显出血（图1-70，图1-71）。

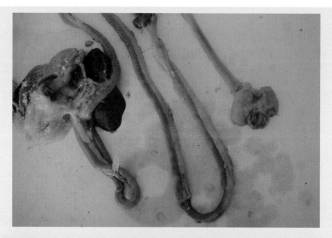

图1-70 157日龄成年蛋鸡感染法氏囊炎导致法氏囊出血（武现军摄）

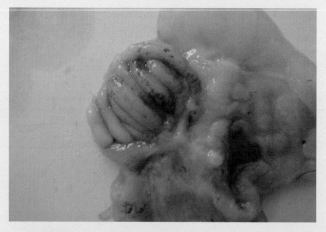

图1-71 157日龄成年蛋鸡感染法氏囊炎导致法氏囊出血的局部特写（武现军摄）

（四）预防与控制

（1）加强饲养管理及卫生措施　加强鸡群的饲养管理，减少和避免各种应激因素；实行全进全出，保持各批次进雏一定的时间间隔，并做好清洁卫生及消毒工作，对防制传染性法氏囊炎流行十分重要。

（2）免疫接种　通过合理而有效的免疫接种，使鸡群获得特异性抵抗力，是防制传染性法氏囊炎最重要的措施。

① 种鸡的免疫　为了提高商品代雏鸡的母源抗体水平，保护雏鸡免受早期法氏囊病毒的感染，而导致免疫抑制。种鸡除了在雏鸡阶段进行中等毒力的活疫苗免疫以外，还应在开产前后和每隔3～4个月进行一次传染性法氏囊炎油乳剂灭活苗的免疫。

② 雏鸡的免疫　在有母源抗体保护的条件下，通常可以保护雏鸡1～3周免受感染。对雏鸡进行首免的时间受多种因素的影响，如母源抗体的水平、疫苗的毒力，以及饲养管理和营养的水平都应该是要考虑的因素。为了突破母源抗体对首免效果的干扰，母源抗体水平较低的鸡雏，首免时间可以适当提前，并使用疫苗毒力较弱的疫苗；反之，首免的时间可以适当推后，并选用中等毒力的疫苗进行首免。如果没有检测母源抗体的条件，可采用弱毒疫苗于12～14日龄进行首免。使用中等毒力疫苗于25～28日龄进行二免。免疫之后使用维生素C连续饮水三到四天。

（3）发病鸡群的治疗

① 加强饲养管理。适当降低饲料中的蛋白质含量，提高维生素的含量，尤其是维生素C、维生素E的含量。

② 可以使用复合碘或含氯的消毒药对鸡舍及其周围进行严格的消毒。

③ 发病早期可用传染性法氏囊炎高免血清或高免蛋黄匀浆及时注射，有较好的治疗作用，但注射治疗之后间隔一周左右，需要及时地免疫法氏囊疫苗；发病早期，使用具有抗病毒作用的中药配合维生素C进行治疗，也可以取得良好的治疗效果。当有细菌病混合感染时，配合投喂敏感的抗菌药物控制继发感染。

十一、传染性贫血

（一）病原与流行病学

鸡传染性贫血病（CIA）是由鸡传染性贫血病病毒（CIAV）引起的以淋巴组织和造血组织损伤为主要特征的雏鸡免疫抑制性传染病。自1979年Yuasa等在日本首次分离报道CIAV以来，多个国家先后发现有该病毒的存在。CIAV是圆环病毒科环病毒属中唯一的成员，对环境条件和常规消毒处理抵抗力极强。感染CIAV的雏鸡可表现临床型和亚临床型疾病，并因免疫器官损伤而发生免疫抑制。CIA除可直接导致病鸡死亡、鸡群生产性能降低外，由于其免疫抑制作用，使鸡群易于并发或继发感染其他疫病，导致鸡群更大的伤亡。

鸡是CIAV抑制的唯一宿主，所有年龄段的鸡均易感。但健康鸡雏出壳后1～3周中，随着免疫功能的完善，鸡雏对该病引起贫血的易感性迅速降低；而CIAV对3周龄及更大日龄鸡免疫功能的抑制仍可发生。本病原可以通过垂直和水平两种方式进行传播。

（二）临床症状

病鸡主要表现为精神不振、食欲低下、生长缓慢、体形瘦小及鸡冠、颜面和皮肤略显苍白。

（三）特征性剖检病变

特征性的临床表现有：血液稀薄，各脏器因贫血而褪色，尤其是肝脏和肾脏褪色严重（图1-72，图1-73）；心肌（图1-74）和全身骨骼肌出血，尤其是胸肌和腿肌（图1-75）；翅膀或腹部皮肤出血（图1-76）；嗉囊黏膜出血（图1-77），腺胃黏膜严重出血，肌胃溃疡等（图1-78）；骨髓呈淡红色，甚至变成淡红色或黄白色（图1-79）；胸腺、法氏囊、脾脏萎缩（图1-80，图1-81）。

图1-72 自然感染肉鸡肝脏肿胀、褪色成浅黄色 （武现军摄）

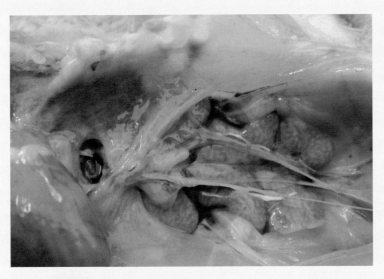

图1-73 感染传染性贫血的肉鸡肾脏严重褪色 （武现军摄）

图1-74 自然感染传染性贫血的肉鸡心外膜喷洒状广泛出血（武现军摄）

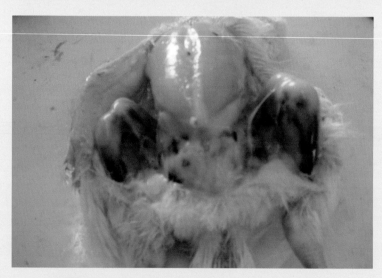

图1-75 自然感染肉鸡腿、腹部肌肉严重出血（武现军摄）

图1-76 感染传染性贫血的肉鸡的翅膀皮下和皮内出血（武现军摄）

图1-77 自然感染传染性贫血鸡嗉囊黏膜出血（武现军摄）

图1-78 感染传染性贫血的肉鸡腺胃黏膜严重出血、
肌胃角质膜溃疡（武现军摄）

图1-79 23日龄传染性贫血病毒感染鸡与健康鸡骨髓和对照组骨髓对比，感
染鸡骨髓严重苍白（武现军摄）

图1-80 21日龄肉鸡正常鸡与感染鸡的胸腺对比
（右侧为感染鸡）（武现军摄）

图1-81 21日龄传染性贫血感染鸡（上面一排为健康鸡）
脾脏、胸腺萎缩（武现军摄）

（四）预防与控制

（1）严格监管SPF鸡场的管理和疫病净化工作，为安全疫苗的生产提供切实有保障的SPF胚蛋。加强鸡场检疫、饲养管理和兽医卫生措施，防止从外地引入带毒鸡。选用SPF种蛋生产的活毒疫苗，避免通过不合格的活毒疫苗感染鸡群。

（2）切断CIAV的垂直传播：对原种代、祖代和父母带种鸡群施行普查，净化种鸡群，切断CIAV的垂直传播源。

（3）免疫接种：用CIAV弱毒冻干苗对12～16周龄鸡饮水免疫，同时供给鸡群营养全价安全的饲料，或在饲料中添加具有免疫促进作用的中药合剂，都能有效提高鸡群抵抗CIAV攻击的能力。种鸡在9～14周龄鸡群开产前免疫传染性贫血弱毒疫苗，能有效预防子代CIAV的暴发。但应注意不能在收集种蛋前3～4周实施活毒疫苗的免疫接种，以防止通过种蛋传播疫苗病毒。

十二、鸡沙门氏菌

（一）病原与流行病学

沙门氏菌属于肠杆菌科，是由众多血清型的革兰氏阴性菌组成的一个大家族。禽沙门氏菌主要包括鸡白痢沙门氏菌和鸡伤寒沙门氏菌、鸡副伤寒沙门氏菌以及亚利桑那沙门氏菌。各品种、日龄的鸡均已感染，但以2～3周龄的鸡感染死亡率最高；成年鸡也可感染。本病可以通过垂直传播和水平传播感染鸡群。

（二）临床症状

雏鸡感染鸡白痢和伤寒的临床症状相似，但鸡伤寒多发生于日龄较大的鸡。嗜睡、虚弱、食欲低下、怕冷聚堆、生长缓慢；肛门周围有白色粪便糊肛（图1-82），随后逐渐死亡；急性病例可突然死亡。往往在出壳后第2周伤亡率最高，随后逐渐降低。成年蛋鸡感染表现为鸡冠变薄或萎缩、带白霜，产蛋隔天较多，产蛋率低，沙皮蛋多。种鸡感染不但可以通过垂直传播感染雏鸡，而且种蛋合格率小，受精率、孵化率也较低。

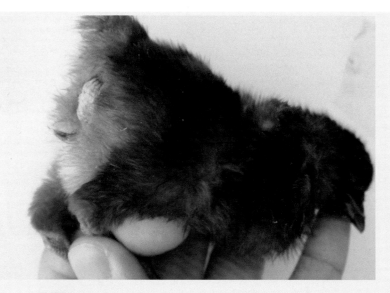

图1-82 感染鸡白痢死亡的6日龄绿壳蛋雏鸡糊肛（武现军摄）

（三）特征性剖检病变

雏鸡急性伤亡病例往往表现为肝脏肿大、斑驳出血或坏死（图1-83），脾脏、肾脏肿大（图1-84）、充血；伤寒感染往往表现为肝脏呈铜绿色（图1-85～图1-87）；卵黄囊内容物颜色异常或者凝固变硬，病程较长者，卵黄吸收不良（图1-88，图1-89），往往黏附于腹壁或其他内脏器官。心脏、肺脏有坏死结节（图1-90，图1-91），心脏似桑葚状，心包有大量积水；甚至形成肝周、心包炎、腹水症。病程较长的鸡有时可见盲肠白色干酪样硬的栓塞物（图1-92）。回肠、直肠肠壁肉芽肿。成年鸡感染最常见病变主要表现在卵巢：卵泡变形、坏死，颜色变灰绿、灰黄色（图1-93）；有时卵黄变硬，卵泡壁变厚。有时可见形成腹膜炎、输卵管炎。

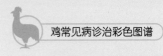
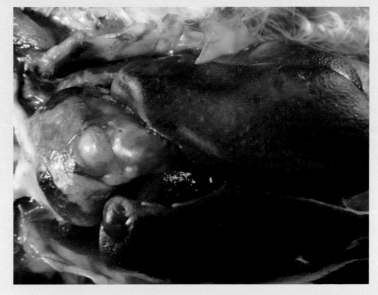

图1-83 雏鸡感染沙门氏菌，心脏坏死结节，肝脏肿大、
有针尖大黄白色坏死灶（武现军摄）

图1-84 6日龄绿壳蛋雏鸡感染鸡白痢，肾脏肿胀

图1-85 成年蛋鸡感染伤寒沙门氏菌，肝脏肿大、呈铜绿色，布满黄白色粟粒大小的坏死灶（武现军摄）

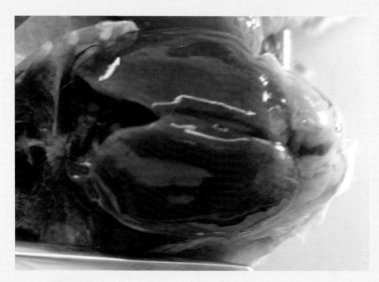

图1-86 5日龄雏鸡隔腹壁即可看到肿大的肝脏，剖开后可见肝脏严重肿大，呈铜绿色（武现军摄）

图1-87 青年鸡感染伤寒沙门氏菌，肝脏肿大、呈铜绿色，肝脏边缘梗死（武现军摄）

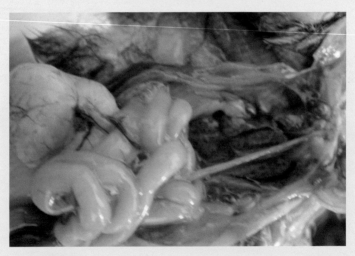

图1-88 6日龄绿壳蛋雏鸡感染鸡白痢，卵黄吸收不良，肾脏肿胀、轻度花斑（武现军摄）

图1-89 雏鸡未吸收的卵黄颜色变绿（武现军摄）

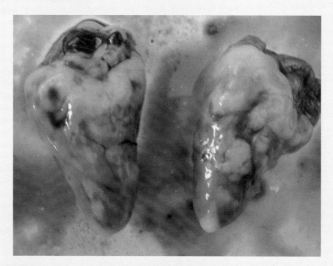

图1-90 雏鸡沙门氏菌感染导致心脏坏死结节，似桑葚样（武现军摄）

图1-91 6日龄绿壳蛋雏鸡感染沙门氏菌，肺脏坏死结节（武现军摄）

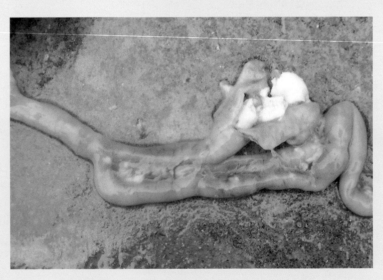

图1-92 盲肠内有白色干酪样白痢栓子（武现军摄）

图1-93 成年鸡感染沙门氏菌后卵泡变形坏死，似菜花样，
颜色变灰绿色（武现军摄）

（四）预防与控制

（1）平时加强饲养管理，制定严格的卫生消毒制度，是预防本病的重要措施。但要想彻底的控制本病，需要通过定期的采用全血平板凝集实验对种鸡群进行严格的检疫净化工作，彻底消除鸡群中的带菌鸡，建立无白痢的种鸡群，从而保证为商品代鸡场提供合格的种苗。

（2）孵化场应做好种蛋入孵前的消毒工作，杜绝从不合格的种鸡场引进种蛋。

（3）加强育雏期的饲养管理，保证供给雏鸡全价而安全的饲料；注意雏鸡料槽、水槽卫生，并定期消毒；勤清理鸡舍粪便，注意鸡舍的通风换气，保证空气清新；这些都是保证鸡群在育雏期间免受沙门氏菌感染的有效措施。

（4）发病鸡群要及时地通过实验室诊断确定病情，并投喂敏感的药物及时控制病情蔓延。病死鸡要做好无害化处理。

十三、鸡大肠杆菌

（一）病原与流行病学

大肠杆菌病是由禽致病性大肠杆菌所引起的局部或全身性感染的疾病，包括大肠杆菌败血症、气囊炎、脐炎、眼球炎、关节炎、卵黄腹膜炎、肠炎、大肠杆菌输卵管炎、脑炎和大肠杆菌肉芽肿等。致病性大肠杆菌还可以穿过蛋壳引起鸡胚的感染，造成死胚率升高、孵化率下降等，是危害养禽业最为重要的一种细菌性疾病。

禽致病性大肠杆菌是肠杆菌科埃希氏菌属的最重要的一类可引起家禽感染的细菌，其中有一些大肠杆菌是肠道的正常寄居者，对宿主有益，称为共生群；另外一些则为致病性大肠杆菌和条件致病性大肠杆菌。存在于鸡场环境家禽肠道中的大肠杆菌血清型和数量有多种，当饲养管理差、饲养密度大、饲料营养缺乏、鸡舍空气污浊、饲养器具卫生条件恶劣、环境温度突变或环境过于干燥、疫苗免疫应激和感染一些病毒性（尤其是一些免疫抑制性疾病）、细菌性或寄生虫性疾病条件下，致病性大肠杆菌就会迅速繁殖，导致雏鸡、青年鸡甚至成年鸡的大肠杆菌病的发生。

禽致病大肠杆菌可以通过种蛋、空气粉尘、污染的饲料或饮水进行传播；种鸡还可以通过交配或人工授精而传播。本病的传播无季节性，但由于饲养环境的问题在冬春气温较低的季节，以及气候比较闷热潮湿的季节较容易发生。冬春季节以气囊炎、心包炎、急性败血性大肠杆菌、腹膜炎等型较为多见，但雏鸡、肉用仔鸡由于饲养环境的特点，此类感染可见于各种季节。闷热潮湿季节以肠道感染者多见。

（二）临床症状

（1）大肠杆菌败血症　是最常见的一种病型，雏鸡、青年鸡和成年鸡均可发生，尤其多见于肉用仔鸡。雏鸡和青年鸡感染表现为精神委顿，头、颈、翅下垂，不吃不喝，鼻炎呆立，呼吸困难，排白色或黄白色粪便（图1-94）。死后多表现全身淤血，颜色发暗、发紫。成年蛋鸡感染表现精神沉郁，排黄白色粪便，腹部羽毛脏乱（图1-95），腹部胀满；重症发生卵巢炎、输卵管炎的表现腹部下坠，直立时似企鹅状，所产带菌的种蛋或由粪便污染种蛋，往往会导致孵化后期或出壳前死亡，不死者多发生脐炎。病雏表现为腹部胀满、无力，排白色或者黄绿色泥土样粪便，多在一周之内死亡。

（2）肠炎　表现为拉稀，有粉红色胡萝卜样粪便。

（3）眼球炎　典型症状为一侧眼睛眼前房积脓或失明，致眼球浑浊不透明（图1-96）。

图1-94 18日龄肉用仔鸡感染大肠杆菌后呼吸困难，排白色稀便（武现军摄）

图1-95 210日龄蛋鸡群输卵管炎。近两个月鸡群常于凌晨出现惊群，病鸡排黄白色、恶臭稀便，腹部胀硬，逐渐死亡（武现军摄）

图1-96 败血型大肠杆菌的一种表现形式。早期以眼睑肿胀、流泪、羞明为表现形式，进而逐渐出现眼房房水变浑浊、积脓，角膜浑浊，而呈全眼球炎（武现军摄）

（4）脑炎　病鸡出现神经症状，垂头、嗜睡或歪头、扭颈、抽搐和共济性失调，最后死亡。

（5）关节炎及滑膜炎　多发于跗、膝、髋、翅关节等处，表现为关节肿胀，跛行。

（三）特征性剖检病变

大肠杆菌败血症：因病原感染的途径不同，病理变化的进程也有所不同。但其典型病变均表现为心包膜增厚，心包内乳白色或黄白色积水，进一步形成纤维素性的心包炎，使心包膜与心外膜粘连，形成"绒毛心"（图1-97）；气囊浑浊增厚，肝脏肿大、肝周炎（图1-98），肝脏表面有坏死灶；脾脏肿胀、腹膜炎，腹腔内有黄白色渗出物，青年鸡病程是较为持久的慢性病例，往往会出现输卵管干酪样物栓塞（图1-99）。

图1-97 大肠杆菌感染所致的心包炎形成的"绒毛心"（武现军摄）

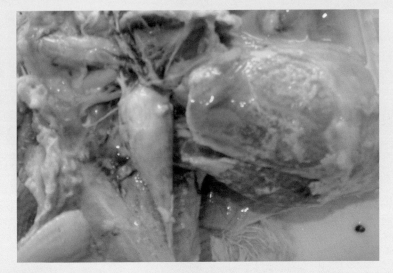

图1-98 恶劣的鸡舍空气环境导致鸡群感染大肠杆菌气囊炎或其他呼吸道疾病继发大肠杆菌气囊炎后，逐渐形成肝周心包炎。与图1-94为同一病例（武现军摄）

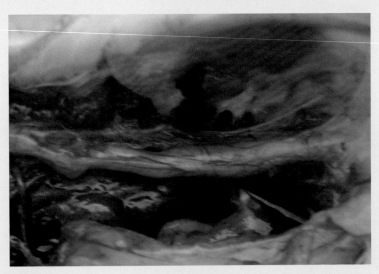

图1-99 恶劣的鸡舍环境所致的大肠杆菌气囊炎持续时间较长时，往往使青年鸡输卵管感染，在输卵管内形成积脓或干酪样物栓塞（武现军摄）

脐炎：主要表现为脐环发炎，脐孔周围羽毛稀疏，皮肤发红、肿胀，局部皮下胶冻样浸润；或脐孔闭合不全、脐带不脱落；卵黄吸收不良，剖检卵黄与腹壁粘连，卵黄囊内容物呈黄褐色糊状或者青绿色水样。

卵黄腹膜炎：腹腔充满淡黄色液体或破碎凝固的卵黄，有恶臭。肠管、输卵管相互粘连；卵泡变形呈灰色、褐色或酱色，输卵管扩张变薄，内有黄色或黄白色轮层状干酪样物（图1-100，图1-101）。

慢性肉芽肿：多于十二指肠、盲肠和后段回肠出现典型的大小不等的、灰白色或黄白色肿瘤样小结节，此外，还出现于肝脏、肠系膜。切开肉芽肿，切面光滑湿润，有弹性。

关节炎：关节囊内有黄白色黏性、脓性分泌物，甚至形成干酪样物。但往往可能有多种细菌并发感染，如大肠杆菌、链球菌、葡萄球菌等。

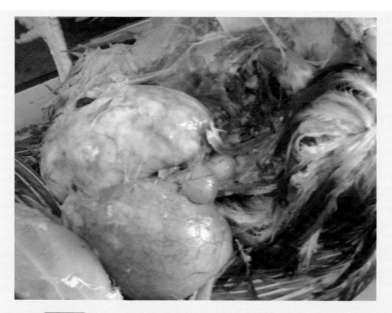

图1-100 210日龄成年蛋鸡感染大肠杆菌输卵管炎 (武现军摄)

图1-101 210日龄成年蛋鸡由于应激而退回到腹腔的软壳蛋，这种情况是诱发蛋鸡输卵管炎感染的重要因素之一（武现军摄）

肠炎：小肠黏膜有多重规则而大小不一的出血斑点，肠腔有黏性、血性分泌物。

（四）预防与控制

（1）加强鸡场的综合防治措施是最有效的降低鸡群发病的手段。如通过加强鸡舍的环境卫生管理，提供鸡群安全全价的饲料，减少各种可能给鸡群带来应激的不利因素发生，可大大降低鸡群通过饲料、饮水和空气环境感染疾病。蛋鸡场和种鸡场尽可能减少鸡群应激，尤其是凌晨至下午两三点之间应减少鸡群各种应激性因素的出现，否则容易导致成型的鸡蛋退回输卵管甚至退回到腹腔，使鸡群容易感染大肠杆菌输卵管炎。孵化场严格控制种蛋来源，并做好种蛋的消毒工作，防止蛋源性大肠杆菌通过雏鸡传播。

（2）疫苗免疫。对于大肠杆菌十分严重，且大肠杆菌耐药谱广的鸡场，可以通过制备自家灭活疫苗进行免疫，具有一定的防治效果。

（3）通过在饲料中添加一些具有免疫促进作用的天然植物性药物或化学药物，适当提高饲料中维生素A、维生素C、维生素E水平，可以提高机体的抗病能力，减少鸡群发病的概率。

（4）药物防治。根据所在地区和自家鸡场大肠杆菌病发病的规律，进行适时的、阶段性的药物防治，对于防止大肠杆菌病的大面积暴发具有有效的作用。但在大肠杆菌耐药谱较广的鸡场，治疗前通过药敏试验筛选对大肠杆菌敏感的药物是有必要的。

十四、禽霍乱

禽霍乱又称为禽巴士杆菌病、禽出血性败血症，是侵害家禽和野禽的接触性传染病，通常呈急性败血症经过，并伴有剧烈下痢和高发病率、死亡率。

（一）病原与流行病学

禽霍乱的病原为多杀性巴士杆菌，革兰氏阴性、不形成芽孢、没有运动性的椭圆形小杆菌。不同日龄的多种禽类均可感染此病，但雏鸡对巴士杆菌有一定的抵抗力，很少发病，3～4月龄的青年鸡和成年蛋鸡容易感染本病。本病一年四季均可发生，但在高温、潮湿、多雨的夏秋季节多发。禽霍乱的传播途径一般是通过病鸡的口腔、鼻腔和眼结膜分泌物、污染的用具和尸体等，经由呼吸道、消化道黏膜侵入机体，导致感染发病。

（二）临床症状

自然感染的潜伏期为2～5天。鸡群感染禽霍乱之后，病程的长短因机体的抵抗力、病原的毒力而异，并据此分为急性和慢性两种类型。

急性霍乱往往于死前几小时才能表现出症状，表现为发热、厌

食、羽毛粗乱、口流黏液；死前常有发绀现象，主要是鸡冠、肉髯发紫；粪便开始为白色水样粪便，随后转变为绿色含有黏液的稀粪。有的病例头天无任何症状，采食正常，第二天早上已经死亡，这种情况在随后几天逐渐增多。

　　慢性病例多由急性病例转化而来，也可由低毒力菌株感染所致。一般变现为局部感染，病鸡精神不振，鸡冠、肉髯苍白，有的水肿变硬（图1-102），发生干酪样变化，甚至坏死脱落；关节、足垫和胸骨滑液囊常出现肿胀；病程可长达数周，最后衰竭死亡。

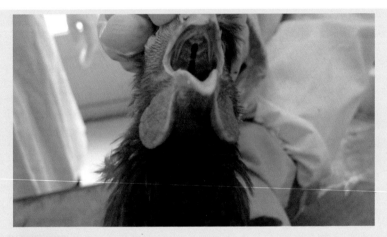

图1-102 150日龄蛋鸡感染慢性霍乱两侧肉垂及颜面部肿胀（武现军摄）

（三）特征性剖检病变

　　急性病例剖检主要表现为心冠、心外膜、脂肪喷洒状出血（图1-103），肺脏呈纤维素性肺炎，肺脏边缘、肋骨内侧点状出血；肝脏有许多针尖状出血或灰白色坏死（图1-104）；十二指肠到空肠黏膜肿胀、充血和弥漫性出血。成年鸡卵泡充血、出血或卵泡破裂、形成凝固性卵黄腹膜炎。

　　慢性病例多以肿胀部位的化脓感染为主，如肉髯的坏死、肿胀的关节囊内有炎性渗出物和干酪样物。

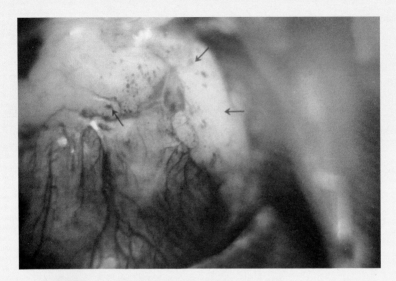

图1-103 蛋鸡感染禽霍乱后心冠脂肪、心肌出血（旧照片翻拍）

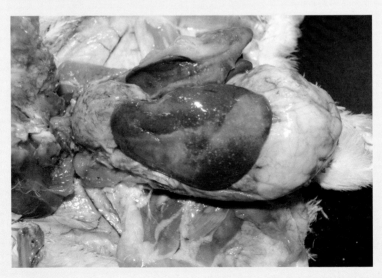

图1-104 禽霍乱感染肉鸡表现心包炎和肝脏针尖状坏死（陈立功供图）

（四）预防与控制

加强综合防治措施，做好鸡舍环境的严格消毒与饲槽、水槽的卫生管理工作，尤其在夏、秋多雨湿热季节更应该注意饲用器具的卫生和饲料的安全；鸡舍要做到"全进全出"，杜绝不同日龄的鸡群混养；及时的清除病死鸡，并作无害化处理，对于发病康复的鸡群要注意隔离和环境的严格消毒，以避免在不同圈舍之间的传播。

在禽霍乱流行较为严重的地区或鸡场，应考虑禽霍乱疫苗的免疫接种和定期的药物预防。已经发病的鸡群，可以使用相应的敏感药物进行治疗。

十五、鸡传染性鼻炎

鸡传染性鼻炎是由副鸡禽杆菌（原称副鸡嗜血杆菌）引起的一种以鼻窦、眶下窦和气管上部的卡他性炎症为特征的急性呼吸道疾病。

（一）病原与流行病学

副鸡禽杆菌为革兰氏阴性、两端钝圆、不形成芽孢、不运动的短小杆菌。强毒力的菌株可有荚膜。本菌对理化因子的抵抗力较弱，一般消毒药均可将其杀死。

鸡是副鸡禽杆菌的自然宿主，病鸡和隐性带菌鸡是主要的传染源。一年四季均可发生，且各种年龄的鸡都可感染，但以8～12周龄的幼鸡和成年蛋鸡感染居多，特别是成年蛋鸡，感染后潜伏期短，一般易感鸡与感染鸡接触后24～72小时即出现临床症状，如无并发感染病程可持续2～3周。

（二）临床症状

最明显的症状是鼻窦、眶下窦有浆液性或黏液性分泌物经鼻孔流出［先出现流稀薄的水样清涕，逐渐转为黏稠的脓性分泌物（图1-105）］、打喷嚏、面部水肿和结膜炎。肉垂可出现明显肿胀，特别是公鸡。下呼吸道感染可听见气管啰音。蛋鸡感染，导致产蛋率下降。

图1-105 传染性鼻炎感染导致面部肿胀，鼻孔周围有结痂（武现军摄）

（三）特征性剖检病变

主要表现为鼻窦、眶下窦急性卡他性炎，黏膜充血肿胀，表面附有水样或黏稠的黏液，重症可形成黄色干酪样物（图1-106）。很少出现典型的肺炎和气囊炎，但有关肉鸡的报道可致气囊炎。下呼吸道感染条件下，可出现急性的卡他性的支气管肺炎，并在第二和第三支气管管腔充满异嗜性白细胞和细胞碎片。

图1-106 鼻窦、眶下窦急性卡他性炎，黏膜充血肿胀，表面附有水样或黏稠的黏液或黄色干酪样物（武现军摄）

（四）预防与控制

（1）控制良好的鸡舍微环境。鸡舍内氨气浓度大对呼吸道黏膜的损伤是诱发鼻炎发生的重要因素；鸡舍饲养密度的过大，环境过于干燥，空气粉尘大、病原粒子多是疾病通过空气传播的条件；因此，鸡舍微环境的控制一方面要注意勤清理鸡舍粪便和加强通风换气，另一方面在注意保温的同时还要注意保持一定的空气湿度。在干燥寒冷季节，可以通过带鸡消毒减少空气中的粉尘，净化空气，对防止本病都可以起到积极的防制作用。

（2）严格执行进出鸡场人员、车辆的卫生消毒，并定期进行饲用器具的消毒是防止本病传播的有效手段。

（3）在疫区，必要时可对易感鸡群进行鼻炎灭活疫苗的免疫接种，对发病鸡群可采用磺胺类药物进行大群治疗，个别重症病例可以使用链霉素或青霉素、链霉素合并注射治疗。种鸡和产蛋鸡通常在20周龄之前需要做两次鸡传染性鼻炎油佐剂灭活苗（皮下注射或肌内注射），两次之间需要间隔4周，第一次一般在8～12周龄，第二次在16～18周龄。这种免疫一般不会阻止鸡群再次感染鼻炎，但在30～35周龄之前，可以大大减轻其感染后的临床症状。

十六、鼻气管炎鸟杆菌

（一）病原与流行病学

鼻气管炎鸟杆菌属于革兰氏阴性菌，无运动性，呈多形性，不形成芽孢。初代培养菌落为1～3毫米大圆形、隆起的灰色或灰白色菌落（图1-107）。

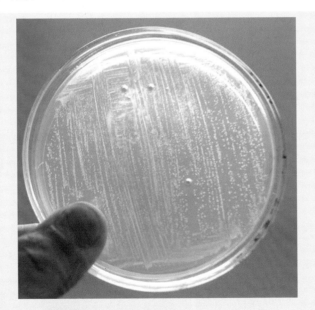

图1-107 初代培养菌落出现1～2毫米大圆形、隆起的灰色或灰白色菌落（陈立功供图）

不同年龄的鸡都可以感染。通过空气水平传播是其感染的主要途径；也可以经过种蛋、卵巢、污染有粪便的种蛋进行传播。3～4周龄的肉用仔鸡易发生本病；肉用种鸡产蛋期也会感染此病，尤其是产蛋高峰期。

（二）临床症状

单纯的鼻气管炎鸟杆菌感染往往不引起明显的呼吸症状，但在新城疫、禽流感、大肠杆菌、支原体、传染性支气管炎等协同感染，以及一些有害因子存在时，可加重鼻气管炎鸟杆菌的感染，并表现为明显的呼吸症状、流鼻涕，严重者张口呼吸；有时有面部、眶下窦肿胀，流眼泪，眼睑充血、出血（图1-108）；拉黄白色稀便。成年鸡感染时，通常公鸡重于母鸡；且产蛋率下降、畸形蛋增多和死亡率增加。同一性别的鸡，体重较大的往往病情较重，且往往因呼吸困难而引起肉鸡瘫软，随后突然死亡（图1-109）。3～6周龄肉鸡感染死亡率为2%～10%。

（三）特征性剖检病变

（1）气管内含有大量血性黏液，心包积聚大量浑浊心包液；胸气囊、腹气囊浑浊，呈黄色云雾状或者乳白色云雾状（图1-110）。

图1-108 鼻气管炎鸟杆菌感染后可出现流眼泪、眼睛变椭圆形（武现军摄）

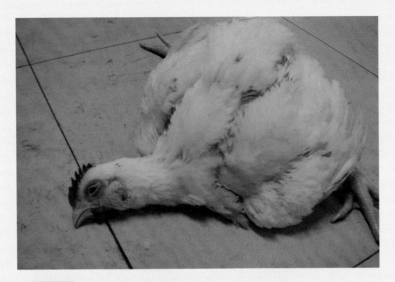

图1-109 发病鸡由于呼吸困难、缺氧，而全身瘫软无力 (武现军摄)

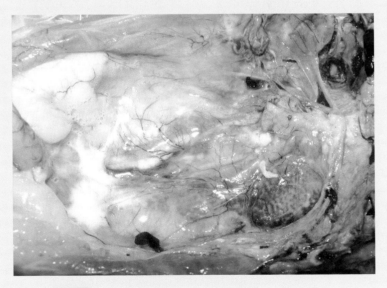

图1-110 肉鸡感染鼻气管炎鸟杆菌胸气囊、腹气囊浑浊，
呈黄白色云雾状或者乳白色云雾状 (陈立功摄)

（2）肝脏、脾脏中度肿大，心包膜、心外膜有出血斑；胸内侧、肺脏边缘胸膜可出现点状出血。

（3）肺脏严重充血、出血（图1-111），甚至形成严重的单侧性或双侧性化脓性肺炎，重症个体可以导致肺脏的肿大、实变、肉变（图1-112～图1-114）；成年蛋鸡肺脏实变，二级支气管往往钙化变硬，失去气体交换功能（图1-115）。严重病例可见气管和支气管内充填大量干酪样物，胸腹腔内有大量纤维素渗出物，形同大肠杆菌的包心包肝。有时还形成关节炎（图1-116）。

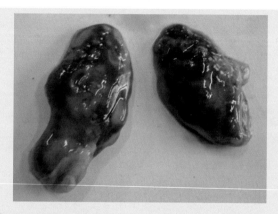

图1-111 患鼻气管炎鸟杆菌死亡肉鸡肺脏淤血、出血或实变（武现军摄）

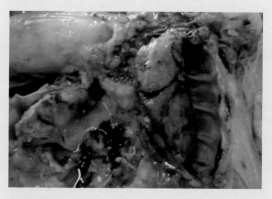

图1-112 发病鸡一侧肺脏实变、肉变（武现军摄）

图1-113 发病鸡形成化脓性肺炎和胸膜炎（武现军摄）

图1-114 发病产蛋鸡形成纤维素性心包炎、气囊炎；
肺脏靠近肺门附近已形成肉变、实变（武现军摄）

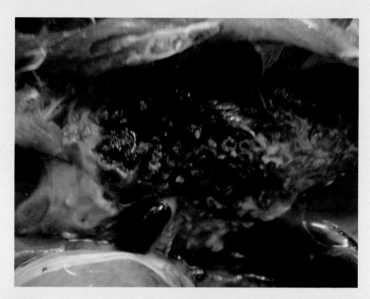

图1-115 实变的肺脏截面二级支气管管壁钙化，并充满干酪样物（武现军摄）

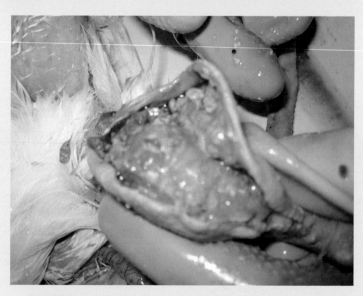

图1-116 鼻气管炎鸟杆菌、大肠杆菌合并感染所致的关节炎

（四）预防与控制

血清学调查表明：肉种鸡、肉鸡和火鸡的鼻气管炎鸟杆菌阳性率分别达79%、26%和55%。同时本病具有垂直传播和水平传播双重特点，因此开展对肉种鸡鼻气管炎鸟杆菌带菌种鸡群的检测和净化是防止鼻气管炎鸟杆菌传播的重要途径。种鸡场在孵化过程中对种蛋要严格消毒，以杜绝通过种蛋的污染导致鸡雏发病。由于肉鸡3～4周龄是本病的高发日龄，肉鸡养殖场可以根据自己鸡场的发病规律，在这一时段主动的使用药物进行预防性治疗，有利于降低鼻气管炎鸟杆菌感染造成的损失。

由于鼻气管炎鸟杆菌极易产生抗药性，且不同的菌株对抗生素的敏感性不同，故治疗起来较为困难。所以在治疗前有必要通过药敏试验选择敏感的药物，用药剂量要足，使用疗程要适当的延长，同时注意鸡舍环境卫生的控制，以避免病情反复。

由于本病感染后可致肺脏水肿、出血甚至脓肿现象，且往往与多病原并发感染，治疗过程中可以配合维生素C和具有止咳、平喘、祛痰、抗病毒作用的中药方剂一起治疗，会更好一些。此外，鉴于免疫抑制性因素往往使鸡群对于鼻气管炎鸟杆菌的敏感性增强，因此，同步配合具有免疫促进作用的药物一起治疗，效果会更好。

十七、葡萄球菌病

（一）病原与流行病学

鸡葡萄球菌病主要是由金黄色葡萄球菌引起的一种急性或慢性传染病。该菌为革兰氏阳性、球状、无鞭毛、无荚膜，不产生芽孢。在普通琼脂平板上可形成圆形、突起、边缘整齐、表面光滑而湿润、初为灰白色，继而呈橘黄色、白色或柠檬色的乳酪状，直径1～3毫米的菌落（图1-117）。在血液琼脂平板上形成的菌落较大，由于可产生溶血素，在菌落周围形成β型溶血环；而非致病性的葡萄球菌不形成溶血环。

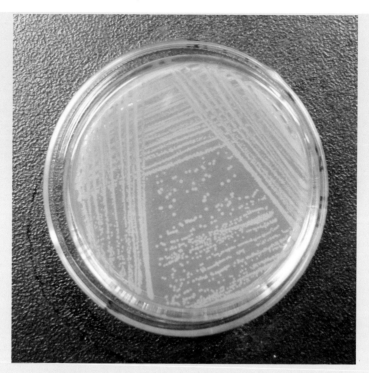

图1-117 普通琼脂培养基上葡萄球菌的菌落 （陈立功摄）

该菌在自然环境和机体体表广泛存在，对理化因素的抵抗力极强，在干燥的脓汁或血液中可存活2～3个月，有些菌株对多种消毒药也有抵抗力。所有禽类均易感，但以鸡、鸭、鹅和火鸡最易感。鸡以雏鸡最易感，常呈急性败血症，死亡率高。成年鸡多为慢性或局部感染。多发生于机体皮肤、黏膜受损；机体患有免疫抑制性疾病或饲养密度过大等。

（二）临床症状与特征性剖检病变

葡萄球菌有多种病型。如败血症、胸骨囊肿型、坏疽性皮炎、关节炎、骨髓炎、脐炎、脚垫肿、趾瘤、足趾坏疽、结膜炎（图1-118）等。

（1）葡萄球菌败血症 肉鸡比蛋鸡发病率高，30～70日龄多见，发病率为5%～30%。病鸡主要表现为精神委顿、食欲降低或废绝、排水样灰白色或草绿色稀便。其特征性症状表现为胸腹部、翅膀下、大腿内侧皮下水肿（图1-119，图1-120），皮肤外观呈紫色或紫黑色，羽毛轻触即脱落，皮肤破溃后流出紫红色液体。有的鸡在翅膀、背侧、尾部、头面部、腿等部位出现大小不等的出血斑，局部发炎、坏死或结痂。剖检可见肝脏有针尖状出血或黄白色坏死灶（图1-121）。

图1-118 葡萄球菌感染所致的结膜炎（陈立功摄）

图1-119 葡萄球菌感染造成的翅下充血、出血（陈立功摄）

图1-120 葡萄球菌感染造成的翅下充血、出血，羽毛易脱落 (陈立功摄)

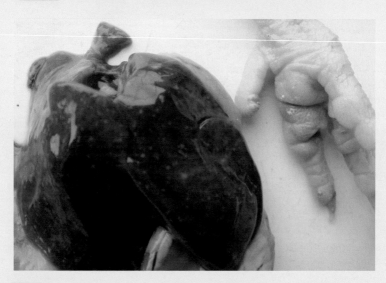

图1-121 葡萄球菌感染导致肝脏出现大量点状坏死灶和爪关节肿胀 (武现军摄)

（2）胸骨囊肿型　多发生于体重较大的肉鸡。由于肉鸡休息时胸部承重较大，致使胸部皮下挫伤而继发感染、肿胀，尤其是由于各种原因，如维生素E、维生素B_2、微量元素锰、维生素D_3等缺乏而出现腿病较多时，更易出现此症；轻按患部有波动感，囊腔内充满淡棕色液体，时间长的将形成干酪样物。

（3）脐炎型　新出壳的雏鸡因脐孔愈合不全而感染。病雏体弱、畏寒，爱集堆于热源附近。腹部膨大，脐孔发炎、肿胀，呈黄红色或紫红色，一般一周之内均死亡。

（4）慢性关节炎型　病鸡多关节肿胀，以跗趾关节最为多见，关节局部呈紫红色或紫黑色，皮肤破溃时可形成痂皮，有时脚趾溃烂坏疽。

（5）趾瘤和指尖干枯型　多见于育成鸡，表现为爪底部肿胀呈瘤状，致使患鸡行动不便。

（6）溢脂性皮炎　皮肤首先形成毛囊及皮脂腺肿胀，似结节状。继而皮脂腺分泌大量黄色油脂状物覆盖于病发表面。（图1-122～图1-124）。

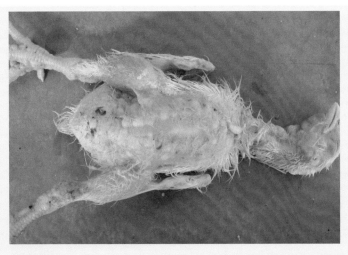

图1-122 皮肤首先出现毛囊及皮脂腺肿胀，似结节状 (陈立功摄)

图1-123 葡萄球菌感染形成的溢脂性皮炎（陈立功摄）

图1-124 葡萄球菌感染形成的溢脂性皮炎（陈立功摄）

（三）预防与控制

（1）严格饲养管理和环境的卫生消毒 ① 注意笼具、网架的及时修复，避免给鸡造成外伤；保持适宜的饲养密度和合理的光照，适时的断喙，保证供应饲料的营养全价性，以减少鸡群发生啄癖而感染葡萄球菌。② 疫苗注射时要注意针头的卫生，防止通过针头交叉感染。③ 因鸡群感染鸡痘而继发葡萄球菌是临床常见的病理现象，故要适时的免疫鸡痘疫苗，以防鸡痘的发生，同时在鸡群感染鸡痘时，要注意环境的严格消毒。④ 孵化场应做好出雏器和环境的消毒，防止雏鸡脐带的感染。

（2）治疗 由于葡萄球菌耐药谱很广，在鸡群感染葡萄球菌时，一方面要及时地通过药敏试验选择敏感的药物进行治疗；另一方面还要及时隔离发病鸡只，防止鸡只间交叉接触性传染，对病重鸡和死鸡做无害化处理，鸡舍、笼具要进行严格消毒。同时在治疗过程中要注意在饲料中添加维生素A、维生素C、维生素E，对于葡萄球菌病的治疗具有辅助作用。

十八、铜绿假单胞菌病

（一）病原与流行病学

铜绿假单胞菌属于铜绿假单胞菌属假单胞杆菌，革兰氏阴性、两端钝圆的短小杆菌，有鞭毛和绒毛，能运动；常单个或成对排列，偶尔呈短链状排列。可以分泌绿脓菌素和铜绿假单胞外毒素——外毒素A和磷脂酶C（图1-125）。

外毒素A：可引起外周血液血小板、白细胞减少，血小板聚集并沉积于肺脏。

磷脂酶C是一种溶血毒素，给入侵的细菌提供营养，增强铜绿假单胞菌的毒力。

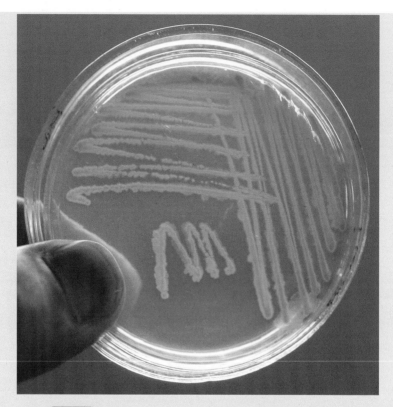

图1-125 铜绿假单胞菌在培养基上的菌落特征（陈立功供图）

可以通过接触创口、口腔和呼吸道途径感染任何日龄的鸡，尤其是危害雏鸡，引起雏鸡败血症。本病发病快，雏鸡多呈暴发性流行，中雏和成年鸡可由环境卫生和饲养管理不善而感染，并呈慢性感染，也可引起孵化率的降低。

（二）临床症状

精神沉郁、食欲减少，呼吸困难或张口呼吸（图1-126），口鼻有黏液，排黄白色粪便。死亡高峰可出现无症状突然死亡。皮肤青紫发绀（图1-127）。

图1-126 铜绿假单胞菌人工感染病鸡精神沉郁、食欲减少，呼吸困难或张口呼吸，口鼻有黏液，排黄白色粪便 (陈立功供图)

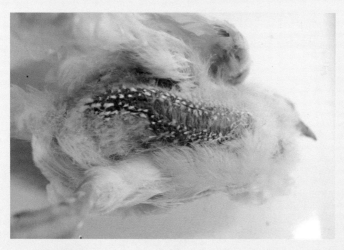

图1-127 铜绿假单胞菌人工感染病鸡腹部皮肤发绀（严重淤血）(陈立功供图)

（三）特征性剖检病变

① 气管严重充血，多血性黏液，肺肿大充血，呈紫红色，有的有出血点（与鼻气管炎鸟杆菌相似）（图1-128）。② 心包积液，心外膜、心冠脂肪出血。③ 肝脏肿大，质脆，呈土黄色（图1-129），有的肝脏有黄白色坏死斑和坏死点，抑或有出血、淤血，胆囊充盈；有的肝脏和心脏表面附有纤维素性渗出物。④ 肾脏肿大、出血，泄殖腔有白色粪便。⑤ 有的鸡各关节肿大，关节液黏稠或有白色浓汁。

图1-128 感染鸡肺脏肿大充血、出血，呈紫红色（武现军摄）

图1-129 铜绿假单胞菌自然感染导致的肝脏肿大，质脆，呈土黄色或黄绿色，有黄白色坏死点（陈立功供图）

（四）预防与控制

加强综合防治措施。对于种鸡场和孵化厂来说要做好种蛋、孵化室、出雏室的清洁卫生和消毒工作；雏鸡出壳后马立克氏疫苗以及今后的各种灭活疫苗的注射免疫必须注意针头的消毒工作和更换针头，防止由于针头的污染而导致注射部位感染。

由于铜绿假单胞菌容易产生耐药性，故鸡群感染后，可以根据药敏试验筛选敏感的药物进行防治，同时使用消毒药做好鸡舍的严格消毒工作，并适当补充多种维生素以防止应激，提高鸡群的抗病能力。

十九、坏死性肠炎

（一）病原与流行病学

鸡坏死性肠炎是由A型或C型魏氏梭菌引起的急性非接触性传染病，本菌属于革兰氏阳性菌，两端粗大钝圆，无鞭毛，不能运动，能产生荚膜；在厌氧条件下能在鲜血琼脂平板上形成大而圆的菌落，并有 β 溶血。其产生的毒素，如 α 毒素、β 毒素是直接的致病因素。该病原在自然界广泛存在。

肉鸡、蛋鸡均可发生，尤以散养、放养鸡、育雏和育成阶段的笼养鸡多发；肉用仔鸡发病多见2～8周龄。一年四季均可发生，但在炎热潮湿的夏季多发。该病的发生多有明显的诱因，如鸡群密度大，鸡群可接触粪便；料槽和水槽卫生条件太差，料槽有饲料板结；在全价日粮中含有劣质的动物性蛋白；鸡群有球虫病的发生等，均会诱发本病。

（二）临床症状

病鸡精神沉郁，羽毛粗乱，食欲减退或废绝，发病早期表现为水泻，随着病情的加重，排黄白色稀粪或排黄褐色糊状粪便，恶臭

粪便；有时排红色乃至黑褐色煤焦油样粪便，有的粪便混有血液或白色肠黏膜组织；多数病雏不显任何症状而突然死亡；产蛋鸡多于夜间急性死亡。慢性病例生长迟缓，排石灰水样稀便，肛门周围常被粪便污染。

（三）特征性剖检病变

病变主要在小肠，尤其是空肠和回肠部分；小肠显著肿粗至正常的2～3倍，扩张、充满气体；肠壁充血、出血、有坏死灶（图1-130）或因附着黄褐色伪膜而肥厚、脆弱。剥去伪膜可见肠黏膜有卡他性炎到坏死性炎的各种变化；肠内容物少而呈白色、黄白色或灰白色，有的病例成血色或黑红色并有恶臭（图1-131）。早期感染病例只能见到回肠、直肠段肠黏膜有米粒大小、似痒子状坏死灶（图1-132）。这类鸡主要表现为水泻。肝脏可见有针尖大到粟粒大黄白色坏死灶，重症个体脾脏肿大，亦有坏死灶（图1-133）。

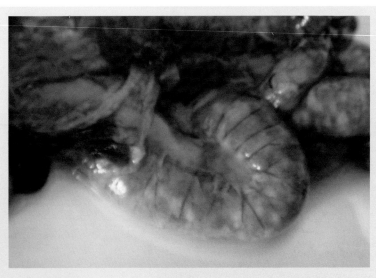

图1-130 蛋鸡坏死性肠炎浆膜面可见斑驳的坏死灶（武现军摄）

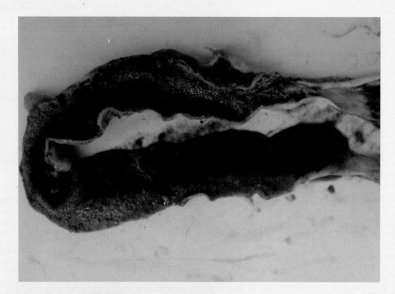

图1-131 后端回肠黏膜出血、坏死（武现军摄）

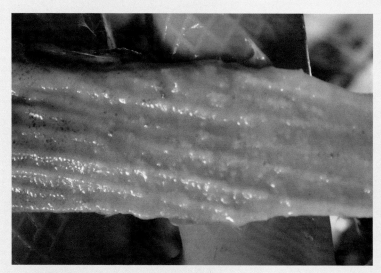

图1-132 蛋鸡早期坏死性肠炎主要表现为直肠、回肠段肠黏膜
大量米粒大小坏死灶（武现军摄）

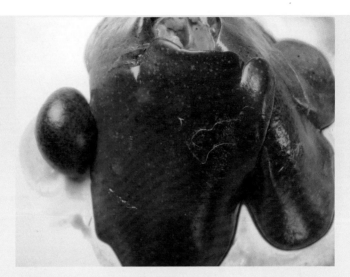

图1-133 坏死性肠炎蛋鸡肝脏布满针尖大小的黄白色坏死灶，脾脏点状出血、肿大 (武现军摄)

（四）预防与控制

网上或地面平养时，需控制饲养密度，及时的清理粪便和更换垫料，并注意防止球虫病的发生；注意料槽和水槽卫生，如果水槽有漏水现象，注意及时维修和清除料槽变质的饲料；不使用腐败、变质的动物性饲料和毛皮下脚料作为饲料原料；保证饲料维生素，尤其是维生素A、维生素C的供应，以满足肠黏膜的自我更新和修复需要；鸡群感染疾病时，及时的改善饲养条件，并使用敏感的药物喂服，以控制病情。

二十、鸡弯曲杆菌病

鸡弯曲杆菌病又称为鸡弧菌性肝炎，是由空肠弯曲杆菌引起的一种成年鸡和后备鸡的一种细菌性传染病，感染率高、死亡率低，常呈慢性经过。

（一）病原与流行病学

本病的病原是一种革兰氏阴性、能运动、微嗜氧的弯杆菌，呈逗点状或"S"状。该菌可感染各种年龄的鸡，但较常见于初产或已经开产数月之后的鸡，也可发生于雏鸡。其感染途径主要是消化道，病鸡和带菌鸡是主要的传染源。病菌随同粪便排出，污染饲料、饮水或饲喂用具，如被健康鸡食入，则通过消化道感染鸡群。本病多呈散发性或地方性流行，在鸡群中发病率高，但死亡率较低，为2%～5%。

（二）临床症状

病鸡主要表现为精神不振，体重减轻，鸡冠萎缩而带皮屑；水泻或排黄白色稀便。该病发展缓慢，常出现肥壮的鸡急性死亡，死前可能还在产蛋。鸡群产蛋率不高，往往达不到应有的高峰。开产后感染的鸡群产蛋率可降低25%～40%。肉鸡感染往往会导致采食量低下、体重减轻。

（三）特征性剖检病变

本病最具特征的病变器官是肝脏。急性病例表现为肝脏实质变性、肿大、质脆，肝被膜下有出血区、血肿或者坏死；有时肝脏表面有许多不规则的、斑驳的出血点或斑；多数情况下表现为肝脏表面和实质密布大量星芒状、黄白色坏死灶（图1-134、图1-135）。

（四）预防与控制

（1）加强饲养管理和卫生消毒　保持鸡饲槽、水槽及用具清洁卫生；供给鸡只营养丰富的饲料，精心饲养。青年鸡和成年产蛋鸡应加强鸡舍粪便的清理工作，做到不同用途的器具分开使用，防止细菌的交叉污染。

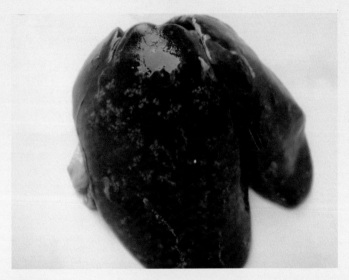

图1-134 蛋鸡感染弧菌肝炎，肝脏表面和实质密布大量星芒状、黄白色坏死灶（武现军摄）

图1-135 肉鸡感染弧菌肝炎，肝脏表面和实质密布大量星芒状、黄白色坏死灶（武现军摄）

（2）发病后的防治措施　　在隔离病鸡、加强环境消毒的同时，应该在治疗上侧重保肝、抗菌两个角度进行治疗，同时注意补足维生素C和维生素E，有助于病情的恢复。本菌对青霉素类、杆菌肽等药物有耐药性。可以选用较为敏感的环丙沙星、四环素、红霉素、庆大霉素、链霉素等药物进行治疗。有条件的养殖场可以通过药敏试验，筛选对本场分离弯曲杆菌高敏的药物进行治疗。

二十一、支原体

（一）病原与流行病学

支原体又称霉形体，家禽中已分离出的有12种，确认有病原性的有败血支原体、火鸡支原体和滑液囊支原体三种。支原体形态多样，基本为球形，亦可呈球杆状或丝状，细胞中唯一可见的细胞器是核糖体。血清琼脂培养基上可形成特征性的菌落。败血支原体菌落形态细小而透明，表面光滑、圆形、中央有一个致密、乳头状突起区；而滑液囊支原体菌落直径较大，有中央突起或无中央突起区。

支原体在宿主体外存活的时间很短，很少超过几天。它既可水平传染，又可通过种蛋垂直传染。上呼吸道和眼结膜是气溶胶和飞沫中的支原体菌株进入机体的通道，故有效的通风是降低感染概率的重要措施。垂直感染在种鸡感染支原体3～6周达到蛋传高峰的50%，但有的资料证实，这种鸡蛋的支原体分离率高达71%～90%。随着时间的延长，蛋传率下降，2～4个月后分离率仍达1/3。这些种蛋孵化过程中，部分会在"打嘴"后难以出壳，出壳的雏鸡也将成为水平传染源。

支原体感染多呈慢性经过，病程因环境条件的好坏长短不一，在环境条件较差的鸡舍，病程甚至可长达月余。

自然条件下，支原体一年四季均可发生，但往往于深秋至第二年早春期间发病较为严重。实验感染条件下潜伏期为6～21天。潜伏期的长短因支原体菌株的毒力、环境和应激条件的不同而异，饲养环境清粪不勤、通风不良、饲料维生素A缺乏、鸡群感染病毒性疾病以及各种应激性因素都会使潜伏期延长。

（二）临床症状

（1）败血支原体　雏鸡感染早期没有明显的呼吸症状，于耳边仔细听诊，可闻轻度的"气泡破裂音"，随着病情的加重，逐渐出现眼结膜潮红、流眼泪、呼噜和明显的腹式呼吸等症状。如果鸡群感染支原体后，鸡舍环境没能得到及时的改善，病情没能得以及时的控制，往往因继发大肠杆菌或沙门氏菌感染而表现为羽毛松乱、精神不振；颜面部，尤其是眶下窦部位肿胀，鼻流清涕、呼吸困难。进而结膜囊内出现干酪样物，眼睑肿胀、粘连，严重者导致失明，最后衰竭而死。青年蛋鸡或后备种鸡将导致生长发育障碍，影响鸡群将来生产性能。

成年蛋鸡感染病情较为缓和，甚至不明显，对生产性能有一定影响；种蛋的受精率、孵化率降低。

（2）滑液囊支原体　最初症状表现为鸡冠苍白、关节肿胀、跛行和生长迟缓。随着病情的发展，往往出现多关节肿胀，尤以跗关节、趾关节最为明显（图1-136）；胸部水疱，局部皮肤变硬变厚，触之有波动感。病鸡喜卧，站立、运动困难。

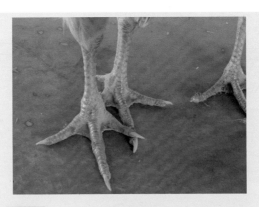

图1-136　滑液囊支原体导致趾关节肿胀（武现军摄）

（三）特征性剖检病变

（1）**败血支原体** 鼻腔与眶下窦内有灰白色黏液，鼻腔和眶下窦黏膜潮红，严重时鼻腔和眶下窦出现干酪样物；眼睑水肿，结膜囊内形成乳白色或黄色干酪样物；气管黏膜水肿、增厚，气管中出现黏液。气囊白色泡沫是本病的主要特征，主要表现为后胸气囊、腹气囊在感染早期出现少量白色泡沫，随着病情的发展，白色泡沫越来越多（图1-137，图1-138）。当继发大肠杆菌或沙门氏菌时，气囊的泡沫逐渐转变为发黏的黄色，进一步加重时将形成气囊干酪样物。肺的外缘区域形成灰红色肺炎病灶，质地坚韧而失去弹性。

（2）**滑液囊支原体** 腿关节的滑膜囊、腱鞘及胸骨滑膜囊内积聚黏稠的乳白色黏液（图1-139～图1-141），滑膜水肿、潮红，时间长并继发其他细菌感染的病例腱鞘和滑膜囊内将形成黄色干酪样物。

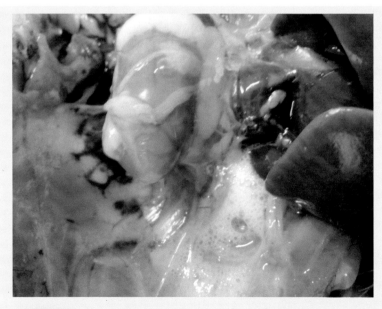

图1-137 败血支原体感染后胸气囊内充满大量白色泡沫（武现军摄）

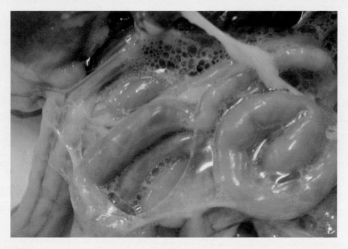

图1-138 败血支原体感染早期腹气囊、肠系膜出现大量白色泡沫，随着病情的加重，继发大肠杆菌或沙门氏菌后，逐渐转为黄色泡沫，甚至黄色干酪样物，充满于心包和前后胸气囊、腹气囊（武现军摄）

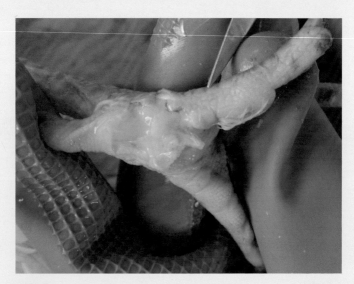

图1-139 切开趾关节肿胀部位，可见黏稠、乳白色渗出物（武现军摄）

图1-140 滑液囊支原体感染导致跗关节肿胀，触之有波动感，剖开可见关节囊黄白色渗出物（武现军摄）

图1-141 胸部囊肿，切开后可见龙骨滑液囊有黏稠、灰白色渗出物（武现军摄）

（四）预防与控制

（1）保障鸡舍空气清新、勤通风换气和清理粪便是降低鸡群感染支原体风险的最有效手段；同时保持适宜的饲养密度和鸡舍空气环境的湿度也是防止支原体感染的重要措施。对于垂直传染感染了支原体的雏鸡，应及早采取有效的治疗措施，否则约在一周出现严重的大肠杆菌或沙门氏菌气囊炎，而影响鸡群的疫苗免疫和成活率。对有支原体感染的种鸡群，在收集种蛋前一个月要对种鸡群进行支原体净化性的药物治疗，以降低种蛋的垂直感染率。

（2）单纯支原体（败血支原体和滑液囊支原体）感染引起的死亡率不高，但由于感染条件下饲料转化率低下、肉鸡雏鸡增重缓慢、容易引起免疫失败、蛋鸡和种鸡产蛋率下降、种蛋受精率和孵化率降低等造成的损失都是隐性的，往往不易引起生产管理者的重视，而导致严重的隐性损失和延误病情最佳治疗时机。若后期继发大肠杆菌或新城疫、传染性支气管炎、传染性喉气管炎等病毒感染，疾病将会变得非常复杂而严重，届时无论如何用药，往往难以取得最佳的治疗效果，死淘率甚至高达40%以上，肉鸡屠宰时的废弃率也大大提高，严重影响鸡场的经济效益。

（3）临床上可根据支原体的发病规律，预期性地投药治疗，或出现症状时及早地通过诊断确诊病情，及时根据病情使用药物进行治疗。

支原体病的治疗必须结合其他细菌特别是大肠杆菌的治疗，因此，可采用对大肠杆菌和支原体都敏感的药物如恩诺沙星、氧氟沙星等，或使用对支原体敏感的药物与对大肠杆菌敏感的药物配合治疗。治疗时要注意首次药量加倍，以后可使用维持剂量；其次，药物治疗的疗程一定要够，否则，容易复发；第三，在治疗时一定要注意鸡舍清粪工作、控制环境温度和通风，尽量降低发生呼吸道病的诱因，防止病情的反复发生。

二十二、鸡衣原体病

（一）病原与流行病学

衣原体病又称为鹦鹉热、鸟疫和鸟热，是由鹦鹉热衣原体引起的。衣原体是专性细胞内寄生的微生物，具有完整的细胞壁，无胞壁酸。禽鹦鹉热衣原体分为A、B、C、D、E和F六个血清型，根据其对家禽的致病力差异将其分为两类：① 高致病力强毒株，可引起5%～30%的自然宿主和实验宿主死亡，且可以使重要脏器出现广泛性的血管充血和炎症，亦可以严重感染人。② 低致病力的弱毒株，感染鸡没有明显的临床症状，若无继发感染，死亡率一般低于5%。

衣原体可以感染多种禽类，但不同种属的禽类易感性不同。通常幼年家禽较易感染，且易于产生临床症状，导致死亡。鸡对衣原体具有较强的抵抗力，只有雏鸡发生急性感染时出现死亡，但真正发生流行的情况很少，一般症状不明显，多呈隐性或一过性感染。临床多见的鸡衣原体感染多为成年蛋鸡。产蛋鸡感染通常只引起产蛋率上升缓慢或产蛋率低下。呼吸道和消化道是衣原体感染的重要途径，故健康家禽可以通过与病禽接触而感染。此外，雏禽，如鹦鹉、鸡、鸭、鹅、海鸥、雪雁和鸽子均可以通过种蛋而由种禽垂直感染衣原体。

（二）临床症状

病鸡精神不振，食欲低下；病程较长的老年蛋鸡极度消瘦、腹大、喜卧，排黄白色稀便。感染鸡群往往产蛋率下降；初产蛋鸡外观症状不明显，主要表现为产蛋率上升缓慢或产蛋率没有高峰、不稳。

（三）特征性剖检病变

雏鸡感染呈现纤维素性心包炎、肝周炎、气囊炎、纤维素性腹

膜炎，肝脏、脾脏肿大，并可见坏死点。

肉鸡病变主要集中于肺脏、气囊、肝脏、气管和肾脏。肺脏表现为单侧或双侧有纤维素性渗出物，肺脏边缘粘连；单侧或双侧有气囊炎；肝脏颜色变淡，偶见坏死灶，感染后其可出现肝周炎；气管后头多黏液，少数可出现严重的气管炎；肾脏肿大、出血。

成年蛋鸡衣原体感染较为多见，轻度感染表现为肝脏肿大、发黄；卵泡发育基本正常，往往因与沙门氏菌合并感染，而导致部分卵泡变性坏死；于输卵管伞部、膨大部黏膜面可见一个或数个大小不一的水泡囊肿（图1-142～图1-144）。重症感染者机体严重消瘦，输卵管内水泡囊肿往往融合成巨大的水泡（图1-145）；肝脏萎缩变小、发黄。

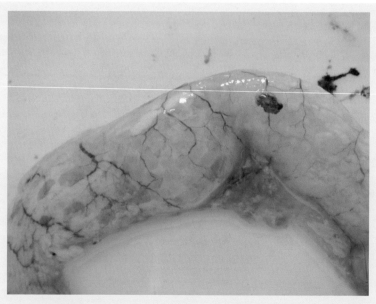

图1-142 产蛋鸡感染衣原体后，输卵管膨大部的外观可见输卵管内水泡囊肿（武现军摄）

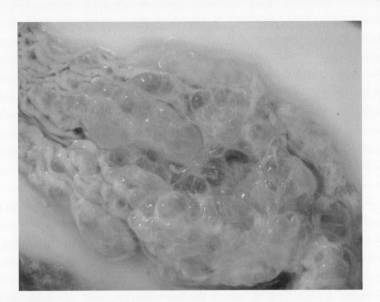

图1-143 产蛋鸡感染衣原体后，输卵管膨大部黏膜面水泡囊肿（武现军摄）

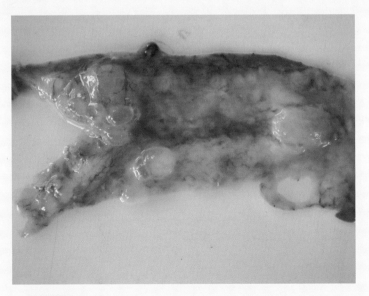

图1-144 产蛋鸡感染衣原体，输卵管伞部水疱囊肿（武现军摄）

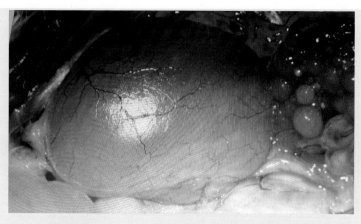

图1-145 产蛋鸡感染衣原体致输卵管积水（武现军摄）

（四）预防与控制

由于目前尚无有效的衣原体疫苗用于生产，预防本病的主要手段应做到阻断一切传染源，如防止野禽或者其他禽类进入鸡场；不从疫区引起鸡雏和青年鸡。对于已经有衣原体感染的鸡场，要能做到"全进全出"，并对有污染的鸡场、鸡舍及饲养器具做到彻底的消毒处理。

由于本病可以感染人，因此，处理病鸡时要注意安全防护和消毒工作。

药物治疗：可以用四环素类药物、红霉素、氟苯尼考进行治疗。由于该病在鸡场容易反复发病，建议每隔一定时间预防性治疗一次，并及时的淘汰发病鸡只，进行无害化处理。

二十三、白色念珠菌

（一）病原与流行病学

念珠菌属于酵母类真菌，包括白色念珠菌、热带念珠菌、克柔氏念珠菌、副克柔氏念珠菌、类星形念珠菌和高里念珠菌等。其中白色念珠菌是最常见的致病菌。

多种禽类对白色念珠菌均易感，其中鸡和鸽子易感性最强。病禽的粪便、口腔呕吐物都含有大量的病原菌，被病原菌污染的饲料、饮水、垫料都是重要的传染源，故应注意饲槽、水槽和垫料的卫生管理。此外，念珠菌可以在饲料中生长，故霉变饲料也是夏、秋季节白色念珠菌的感染来源。

饲料维生素的缺乏可导致机体的黏膜免疫功能下降，故此，在气候潮湿炎热的夏秋季节，由于饲料维生素的破坏较多，也成为此季节白色念珠菌易感的重要原因。

（二）临床症状

临床白色念珠菌的感染一般表现为亚急性和慢性经过，并以消化道损伤为主要特征。发病初期个别鸡表现精神萎靡、羽毛蓬乱、逆立，有气喘、口吐酸臭清水、嗉囊松弛、下垂等现象；病鸡逐渐消瘦，生长发育迟缓；严重病例口腔、舌面、咽喉部黏膜可见白色隆起的溃疡或者易于剥离的假膜。

（三）特征性剖检病变

肉眼可见的病变主要以口腔、舌面、咽喉、食道、嗉囊与腺胃病变为主，其中以嗉囊毛巾样假膜的形成最为多见，刮去嗉囊假膜，黏膜面可见白色凹陷的小溃疡灶（图1-146，图1-147）；腺胃黏膜附着白色黏稠的黏液，刮去黏液的腺胃黏膜表现为肿胀、潮红，有时可有出血现象；腺肌胃交界处肌胃角质膜变软，并向肌胃退缩，使肌胃角质膜面积缩小。十二指肠黏膜增厚，黏膜表面覆盖白色黏稠的食糜样内容物（图1-148）。

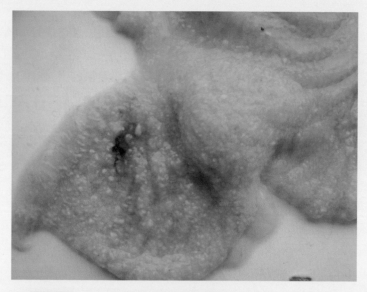

图1-146 感染白色念珠菌后嗉囊黏膜的毛巾样病变（武现军摄）

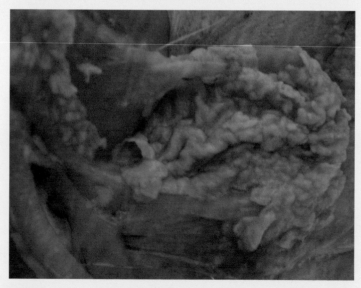

图1-147 感染白色念珠菌后嗉囊黏膜面形成易于剥落的假膜（武现军摄）

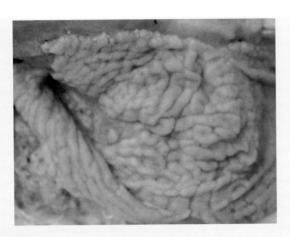

图1-148 感染白色念珠菌后嗉囊黏膜增厚，形成假膜（武现军摄）

（四）预防与控制

由于本菌为健康家禽消化道内最为常见的共生性真菌，因此，本病的发生主要有两种途径，即内源性感染和外源性感染。内源性感染的发生与多方面的因素有关。① 长期、大量和不合理的使用抗生素或化学抗菌药物，使胃肠道菌群失调，致使白色念珠菌大量繁殖。② 由于饲料维生素缺乏或者由于气候因素使得饲料中维生素破坏过多，使得肠黏膜的自我修复能力和黏膜免疫功能下降。外源性感染主要与饲料霉变，料槽、水槽的污染有关。

治疗可以使用制霉菌素，每千克体重1万～2万单位，连续使用5～7天，治疗的同时适当补充饲料中维生素A的含量，有助于病情的好转。

二十四、曲霉菌病

（一）病原与流行病学

曲霉菌病是由曲霉菌属感染引起的一类疾病。自然界中曲霉

菌的种类多、存在广泛。其中，引起禽类曲霉菌病的病原主要是烟曲霉；其他如黄曲霉、黑曲霉也能感染引起疾病，但临床较为少见。

曲霉菌对多种禽类均可感染，特别在幼年禽类可引起急性暴发，导致鸡群发育障碍、免疫抑制、死亡率升高。本病不呈流行性传播，而往往通过霉变的垫料、谷物、草籽、鸡舍用具、墙壁等进入空气中飘浮的霉菌孢子，经由呼吸系统、消化系统而感染，甚至导致曲霉菌病在鸡舍的暴发。孵化室内由曲霉菌污染的种蛋可导致鸡胚和新出壳的雏鸡感染曲霉菌病。

（二）临床症状

病雏多呈急性经过，其感染的最明显症状为精神不振、食欲减退；呼吸困难，有干咳、张口或伸颈呼吸表现（图1-149）；有时因垫料污染而引起雏鸡眼睛被感染，导致一侧或两侧眼炎，重者导致瞬膜充血、水肿、上下眼睑粘连、眼角膜中央溃疡。

青年和成年蛋鸡多呈慢性经过，症状较为轻微。表现为逐渐消瘦、羽毛蓬乱、无光泽；机体鸡冠、肉髯、眼结膜苍白，全身贫血；轻度下痢，生产性能下降。

图1-149 黄曲霉菌感染导致雏鸡呼吸困难（武现军摄）

（三）特征性剖检病变

病变主要表现在肺脏、肺膈表面、后胸气囊和腹气囊，可见有小米粒达到绿豆粒大的灰绿色（图1-150）或灰黄、白色霉菌结节或圆盘状、中间凹的霉菌菌斑；肺脏霉菌结节多见于肺门附近，呈柔软、有弹性的颗粒状（图1-151），切开后可见中心为干酪样、内含丝绒状的菌丝体；当有多个结节时，肺脏失去弹性和呼吸功能。

图1-150 烟曲霉感染在腹腔脏器表面形成的灰绿色菌斑（武现军摄）

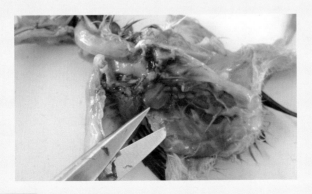

图1-151 黄曲霉菌感染，导致肺门黄色绿豆粒大结节（武现军摄）

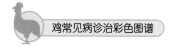

（四）预防与控制

保持鸡舍墙面、用具卫生不发霉，重视鸡舍的通风换气；忌用发霉变质的饲料原料；野外放养鸡群，在梅雨、潮湿的季节可以定期使用制霉菌素预防性治疗，同时适当增加饲料中维生素A、维生素C、维生素E的添加剂量。也可以使用硫酸铜1/2000定期饮水来预防感染。

药物治疗可以选用制霉菌素、克霉唑拌料喂服，连续治疗5～7天，同时使用葡醛内酯、牛磺酸保肝以辅助治疗。

第二章

寄生虫病

一、鸡球虫

球虫病是危害养鸡场，尤其是肉鸡养殖业最为严重的一种原虫病，以3～7周龄的雏鸡最为易感，表现为拉血痢、贫血，发病率高、死亡率高，最高可达40%以上；很少见于10日龄以内的雏鸡群。

（一）病原与流行病学

感染鸡的球虫为原生动物门，孢子虫纲的艾美耳球虫属，寄生于鸡的肠道黏膜上皮细胞内，其中包括寄生于小肠前段的堆型艾美耳球虫、变位艾美耳球虫、早熟艾美耳球虫、哈氏艾美耳球虫4种；寄生于肠道中段的巨型艾美耳球虫、毒害艾美耳球虫两种；寄生于肠道后段的布氏艾美耳球虫和缓艾美耳球虫两种，以及寄生于盲肠的柔嫩艾美耳球虫。其中致病性最强的为柔内艾美耳球虫和毒害艾美耳球虫。

摄入有活力的孢子化卵囊是艾美耳球虫自然传播的唯一途径。病鸡从粪便排出卵囊的时间可持续数日或数周。粪便中的卵囊经过两天的孢子化过程逐渐发育成具有感染性的卵囊，易感鸡群通过食入污染有卵囊的垫料、饲料、饮水甚至携带有卵囊的昆虫都可以被感染。

球虫卵囊在适宜的条件下能存活数周，但能够被高温、低温和干燥迅速杀死，在冷而干燥和热而干燥的气候下，球虫病的威胁都较小；但在温暖而潮湿的环境条件下对鸡群的健康威胁较大。

（二）临床症状

雏鸡球虫感染多呈急性经过，主要表现为精神萎靡，鸡冠肉髯苍白，食欲减少或废绝，饮水增加；小肠球虫病鸡排带血水便或黑红色血便（图2-1），盲肠球虫往往排鲜红色血便，泄殖腔周围有血便污染。

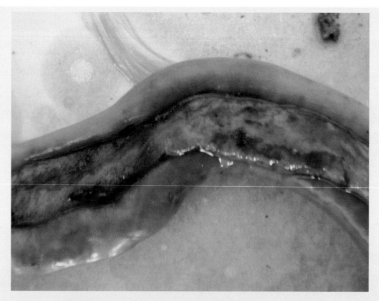

图2-1 小肠球虫后端回肠黏膜严重出血（武现军摄）

青年鸡和产蛋成年鸡多呈慢性经过，病程持续时间较长，甚至延续数周至数月；外观症状亦较轻；主要表现逐渐消瘦、间断下痢，有时有血便；产蛋量下降，死亡率很低。

（三）特征性剖检病变

黏膜苍白、血液稀薄，肌肉缺血；病变集中于肠道，其他器官多没有明显病变，不同种类的球虫引起的肠道病变有所不同。临床多见的球虫病以柔嫩艾美耳球虫和毒害艾美耳球虫最为多见，对养鸡生产导致的危害也最为严重。

毒害艾美耳球虫感染引起的病变主要集中于小肠中段，由十二指肠袢末端到后端回肠肠管明显增粗，浆膜面可见针尖状暗红色与灰白色相间的斑驳状病变（图2-2）；肠壁增厚，肠黏膜在发病的早期呈灰白色、麸皮状，并密布针尖大出血点；严重病例肠管明显增粗，并充满暗红色血液和肠黏膜组织碎片（图2-3）。黏膜表面刮片镜检可见成簇的大裂质体。

由柔嫩艾美耳球虫引起的盲肠球虫主要病变集中于盲肠。两侧盲肠肿粗2～3倍，浆膜面呈暗红色，并可见散在分布的灰白色斑点；切开盲肠，肠内充满血液或血凝块，有时混有灰黄色肠黏膜坏死物形成的盲肠栓子；盲肠壁增厚，黏膜弥漫出血，并有黄白色小坏死灶或溃疡灶（图2-4）。

图2-2 毒害艾美耳球虫感染导致十二指肠末端至空肠明显肿粗，浆膜面可见针尖状暗红色与灰白色相间的斑驳状病变（武现军摄）

图2-3 由毒害艾美耳球虫引起的小肠球虫，整个中段小肠充满血液（武现军摄）

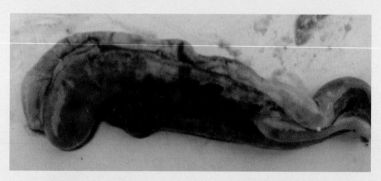

图2-4 由柔嫩艾美耳球虫感染所致的盲肠出血（武现军摄）

（四）预防与控制

保持鸡舍、运动场干燥和良好的通风条件、采用网上平养或者笼养模式、控制适宜的饲养密度、供给营养全价的配合饲料，保持饲槽、水槽和用具卫生、无污染是减少鸡群感染球虫病的重要条件。饲养环境潮湿、阴暗；地面平养模式；饲养密度过大和饲料营养配比不合理；饲料中缺乏维生素A、维生素K等，往往成为球虫病暴发的重要诱因，也是球虫病感染后屡治屡发、难以控制的重要原因。

由于球虫病往往由坏死性肠炎继发或并发，所以在治疗球虫时一定要同步配合使用治疗肠炎的药物协助治疗。

目前，临床防制球虫病有疫苗和药物两种方式，但多采取药物治疗模式。治疗球虫的药物有很多，各鸡场可以根据本鸡场球虫的耐药性规律选择使用。

二、鸡蛔虫病

（一）病原与流行病学

鸡蛔虫是由异刺科、禽蛔属的鸡蛔虫感染所致的一种线虫病。经口摄入其成熟的卵而被感染。

虫体呈淡黄色或乳白色，圆筒状，体表有角质层横纹，头端有三片大唇，一个背唇、两个侧腹唇。雄虫长50～76毫米，宽1.21毫米；雌虫体较大，长60～116毫米，宽1.8毫米；雌虫在小肠内受精后，一天可排出几万个虫卵。虫卵椭圆形，卵壳厚，排出时尚未发育。虫卵随粪便排出体外后，在潮湿的粪便、土壤开始发育，在适宜的温度和湿度下，虫卵在粪便内经过7～28天发育至感染期。感染期虫卵抵抗力强，在隐蔽的地方可生存三个月以上，对化学品也有很强的抵抗力，但易被干、热环境杀死，故对粪便发酵或者阳光直射是消灭蛔虫虫卵的有效方法。当鸡吞食了被污染的饲料、饮水或者携带有虫卵的昆虫后，便感染发病。

感染期虫卵在鸡的腺胃、肌胃内，幼虫穿破卵膜，随后进入小肠，主要是十二指肠（图2-5），经1～2小时后，幼虫钻入肠绒毛之间，10天后幼虫从肠绒毛进入黏膜深处，一周后又返回肠腔继续发育，直至发育为成虫（图2-6）。整个发育过程需35～50天。本

病主要危害3～10月龄的鸡，一年以上鸡多为带虫者而不表现临床症状。

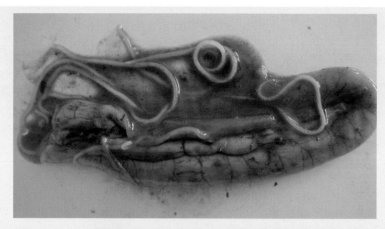

图2-5 鸡十二指肠寄生的蛔虫（武现军摄）

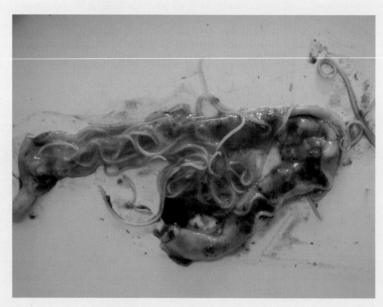

图2-6 空肠到回肠段蛔虫（武现军摄）

（二）临床症状

成年鸡轻度感染时，不出现临床症状。雏鸡感染10～40天出现生长发育不良，精神委顿，双翅下垂，羽毛松乱；鸡冠苍白、贫血，下痢与便秘交替出现，有时粪便中带有血液。严重病例机体严重消瘦，最后衰竭死亡。

（三）特征性剖检病变

小肠前段肠黏膜可见粟粒大、红黄色的寄生虫结节，结节内的幼虫长度约为1毫米，该段肠黏膜肿胀、增粗、充血、出血，后期结缔组织增生，肠壁增厚，质地变硬，弹性降低。

成虫寄生时，可引起小鸡生长迟缓、母鸡产蛋率降低；成虫大量寄生于肠道（图2-7），常导致肠道阻塞；严重时成虫可移行至嗉囊、腺胃肌胃、盲肠、直肠，甚至导致胃肠穿孔，导致腹膜炎。

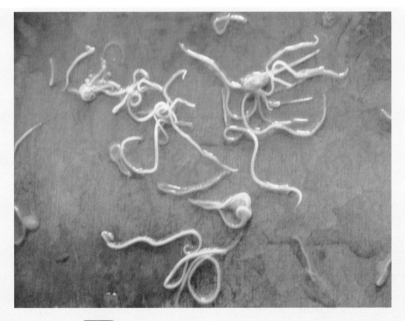

图2-7 一只鸡的肠道寄生有45条成虫（武现军摄）

（四）预防与控制

（1）对于有蛔虫流行的鸡场，最好每年主动定期驱虫两次。蛋鸡可以在鸡群上大笼、开产前后进行驱虫。粪便可以通过堆肥发酵的方式杀灭虫卵和其他传染病原。

（2）加强饲养管理，补足饲料维生素营养，以提高鸡群对于疾病的抵抗力。

（3）治疗药物。左旋咪唑：每千克体重用24毫克左旋咪唑，集中一次性拌料投服。噻嘧啶：每千克体重用60毫克噻嘧啶，集中一次拌料投服。枸橼酸哌嗪：每千克体重用0.2克枸橼酸哌嗪饮水，连用3～4天。噻苯咪啶：每千克体重用100毫克噻苯咪啶一次性拌料喂服。以上药物使用期间及以后几天的粪便，应采取堆肥、消毒等无害化处理。

三、绦虫病

（一）病原与流行病学

鸡绦虫病是由戴文科赖利属和戴文属的节片戴文绦虫、棘沟赖利绦虫、四角赖利绦虫和有轮赖利绦虫等引起的一类肠道寄生虫病。注意寄生于鸡的十二指肠、空肠段，可引起患病鸡贫血、消瘦，产蛋率降低，蛋壳颜色、质量改变；小鸡感染因机体体质下降而容易感染其他疾病，导致伤亡。

本病在各年龄段鸡群均可感染，且以小鸡的易感性最强。被病鸡粪便污染的土壤、饮水、饲料是传播本病的重要感染源。

（二）临床症状

早期感染没有明显的临床症状，随着肠道内绦虫的生长和数量的增加，病鸡生长发育停滞或体重减轻，精神萎靡不振，羽毛松乱；有鸡冠、肉髯苍白等贫血表现；粪便中逐渐偶尔可见胡萝卜样的红色粪便，并有米粒大小的白色绦虫节片出现；蛋鸡产蛋率下降或停止上升，蛋壳质量下降、颜色着色不匀。

（三）特征性剖检病变

寄生虫大多寄生于十二指肠到空肠段（图2-8），虫体乳白色、呈结节状，头节吸附于肠黏膜，导致吸附部位的浆膜和黏膜面可见斑块状出血，使肠腔内可见红色胡萝卜样内容物。绦虫多的情况下，可导致肠道阻塞。后端回肠至直肠内容物有米粒大小的乳白色绦虫节片（图2-9）。

图2-8 绦虫大部分寄生于十二指肠到空肠段（武现军摄）

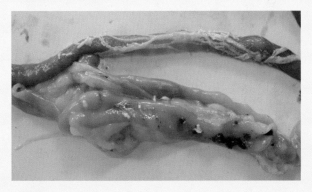

图2-9 绦虫大部分寄生于十二指肠到空肠段，后段回肠可见白色米粒大绦虫节片（武现军摄）

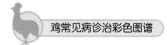

（四）预防与控制

蚂蚁、苍蝇蝇蛆和金龟子都是绦虫的中间宿主，应注意及时的清除鸡粪，并作无害化处理，防止蝇蛆和各种食粪类甲虫滋生。同时，应注意使用杀虫剂对鸡舍地面、场地进行处理，保持鸡舍和场地卫生。

采用"全进全出"的饲养制度，杜绝不同批次的鸡同舍饲养；肉鸡尽可能采用网上饲养模式，蛋鸡可以于上大笼后和产蛋前各进行两次驱虫；老年产蛋鸡也应该于夏、秋绦虫多发季节进行诊断性药物驱虫。

药物治疗：每千克体重用溴氰酸槟榔素1～1.5毫克，一次性饮水服用；每千克体重用潮霉素B8.8～13毫克；每千克体重用硫双二氯酚80～100毫克；每千克体重用氯硝柳胺80～100毫克；每千克体重用丙硫咪唑10～15毫克。上述药物均可以通过拌料，于早上一次性喂服，间隔5～7天后再投药一次，以加强驱虫效果。

第三章

营养代谢病

一、维生素D缺乏症与佝偻病

维生素D是脂溶性固醇类衍生物，为无色结晶，相当稳定，不易被酸、碱、氧化剂及加热所破坏。它主要有维生素D_2、维生素D_3两种形式。维生素D_2来源于植物，并由紫外线照射麦角固醇而得，而维生素D_3系动物皮肤中7-脱氢胆固醇经日光紫外线照射而产生。对鸡而言，维生素D_3的活性比维生素D_2强10倍以上。由日粮摄入的维生素D在胆盐和脂肪的存在下由肠道吸收，吸收的主要部位在小肠，吸收后必须在体内经羟化才具有生理活性。首先在肝脏中被羟化成25-（OH）D_3，之后经血液运输到肾脏，在此进一步被羟化为其活性形式：1，25-（OH）$_2D_3$和24，25-（OH）$_2D_3$。其主要生理功能是促进小肠上皮和肾小管对钙、磷的吸收，维持一定的血钙和血磷浓度；维持骨骼的正常钙化；调节淋巴细胞和单核细胞的增殖、分化和免疫反应，促进巨噬细胞的成熟。

（一）病因

（1）饲料中维生素D含量不足或混合不匀；贮存时间过长或有酸败现象，造成饲料中维生素D被分解破坏。室内笼养鸡因得不到紫外线照射，必须从饲料中获得足够的维生素D，因此，上述原因均可造成维生素D缺乏。

（2）家禽的品种、日龄、用途不同对维生素D的需要量也有差

异；饲料中钙、磷缺乏或比例失调时，家禽对维生素D的需要量增加，如不及时调整，也会造成维生素D缺乏。

（3）消化道炎症、饲料中脂肪或蛋白质不足，均可影响维生素D的吸收；慢性肝脏疾病和肾功能障碍可影响维生素D的活化，使维生素D不能表现其生理功能。

（4）种禽缺乏维生素D，造成其后代先天性维生素D缺乏。

（二）临床症状

雏鸡缺乏维生素D，最早于出壳后10～11天就显出症状，一般的于一个月前后发生，发生时间的早晚主要看饲料中维生素D和钙的缺乏程度，以及种蛋内维生素D_3和钙的贮存量多少而定。其最初的症状是腿部无力，不爱走动或走路不稳，常以飞节着地行走（图3-1）；喙、趾软而易弯曲（图3-2），龙骨变形（图3-3）；生长迟缓或完全停止。

图3-1 软骨症雏鸡站立困难（武现军摄）

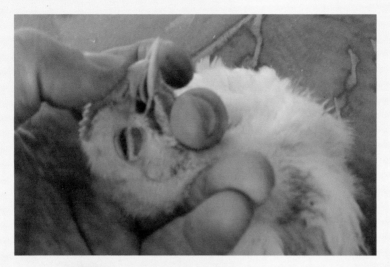

图3-2 软骨症雏鸡喙柔软易弯曲、变形（武现军摄）

图3-3 开产蛋鸡软骨症表现的龙骨弯曲变形，这种现象也会
出现于青年鸡阶段（武现军摄）

产蛋鸡缺乏维生素D，2～3个月后出现症状。首先是薄壳蛋和软壳蛋数量明显增加，之后产蛋率急剧下降，种蛋孵化率也下降。有些鸡出现暂时的双脚无力而瘫痪，经太阳晒一段时间后，可自行恢复。长时间缺乏，喙、趾变软，龙骨变形弯曲，长骨易折断，关节肿胀。

（三）病理变化

尸体剖检的特征性变化为：小鸡肋骨与脊椎连接处出现肋骨弯曲；肋骨内侧面软硬肋连接处出现明显弯曲变形（图3-4）；长骨骨骺部钙化不良。成年病鸡骨骼软而易折断，龙骨严重弯曲变形，甲状旁腺肿大。

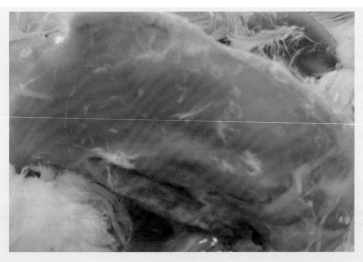

图3-4 产蛋鸡软骨症多见肋骨的背肋和胸肋交界处向胸腔内凹陷，导致胸腔狭窄（武现军摄）

（四）诊断

根据以下两点可作出初步诊断。

① 雏鸡喙、趾变软易弯曲，尤其是长骨两端易因骨质疏松而骨

折；剖检可见龙骨变形，软硬肋骨交界处错位变形。

② 成年蛋鸡产蛋率降低，软蛋增多，瘫鸡经日晒可恢复，龙骨严重弯曲，甲状旁腺肿大。

如需确诊可通过化验饲料维生素D含量，如低于营养标准要求量，即可确诊。

（五）防治

注意饲料合理配合和购买质量可靠的维生素添加剂。在舍饲条件下，鸡所需的维生素D主要来源于饲料中添加的多种维生素和AD3粉。在正常条件下，每千克饲料的维生素D的最低添加量为：20周龄以前200国际单位，产蛋期添加500国际单位。生产实践中，由于饲料、环境等各种应激因素的存在，每千克配合饲料维生素D的推荐添加量为：雏鸡和肉用仔鸡2500～3000国际单位，青年鸡1500～2000国际单位，产蛋鸡2000～2500国际单位，种鸡2500～3000国际单位。用户可依据所购多种维生素和AD3粉的实际含量进行补充。

出现缺乏症时，应及时分析原因，可化验一下饲料维生素D、钙、磷含量，因为有时可能会是维生素D缺乏和钙、磷比例失调共存，需要及时调整饲料，并对全群进行预防性治疗。

每千克饲料添加鱼肝油10～20毫升，同时将AD3粉添加量加倍，持续一段时间，一般2～3周可收到较好效果。个别重症鸡，一次性口服1.5万国际单位的维生素D，可收到较好效果。对骨骼严重变形或骨折的病鸡，应予以淘汰。

二、维生素E和微量元素硒缺乏症

维生素E是一种天然的脂溶性物质，为无色或淡黄色黏性油状物，在空气中易氧化，光、热及碱性环境能促进其氧化过程。天然存在的具有维生素E活性的化合物共8种，根据化学结构的不同分为生育酚和生育三烯酚两类，每类又根据甲基数目和位置的不同，

分为 α-、β-、γ-、δ-4种生育酚和4种生育三烯酚。其中以 α-生育酚生物活性最高，β-、γ-生育酚和 α-生育三烯酚的生理活性仅为它的15%～40%、1%～20%、15%～30%，其他几种生物活性更低。一般饲料中的维生素E只计 α-生育酚。天然的生育酚都是D-型，而人工合成的均为DL-型，D-型比DL-型活性大。供药用的维生素E多为DL-α-生育酚的醋酸酯。1毫克DL-α-生育酚的醋酸酯=1国际单位；1毫克D-α-生育酚的醋酸酯=1.36国际单位。

维生素E的生理功能：① 保护细胞膜，尤其是亚细胞膜的完整性，使其免遭自由基和过氧化物的损害。② 抗应激和促进免疫功能，维生素E可以促进单核吞噬细胞系统中巨噬细胞的增殖，提高机体B淋巴细胞和T淋巴细胞的免疫反应，从而提高机体的体液免疫和细胞免疫功能；维生素E缺乏会阻碍雏鸡法氏囊的发育。③ 通过促进肝脏和其他器官细胞内泛醌的形成，参与机体的能量代谢过程。④ 对很多激素的合成具有重要作用，如垂体前叶激素、肾上腺皮质激素。当垂体前叶促性腺激素合成降低，则影响生殖功能。此外，维生素E还与下列过程有关，如微粒体羟基化作用、正常的磷酸化作用、核酸代谢、体内维生素C的合成、血红素合成的调节和正常甲状腺机能的维持等。因此，维生素E缺乏会引起机体广泛的功能障碍，导致骨骼肌、心脏、肝脏、脑、胰腺的病变和生长发育、繁殖等障碍综合征，主要表现为脑软化症、渗出性素质、白肌病。

（一）病因

（1）长期饲喂贮存过久、发霉变质、维生素E添加不足或搅拌不匀的饲料，都可造成维生素E缺乏。

（2）当饲料中的不饱和脂肪酸或其氧化产物增多时，均会使饲料中的有效维生素E含量降低；饲料中添加大量的维生素A时，需要同时加大维生素E的添加量；饲料中含有刺激脂肪氧化的物质时，如碳酸氢钠、饲料酵母等，会拮抗维生素E的作用，导致维生素E的相对缺乏；饲料中硒、含硫氨基酸缺乏时，会加大机体对维生素E的需要量。

（3）种鸡缺乏维生素E会造成雏鸡一出壳就出现缺乏症。种鸡饲料中硒含量低于每千克0.02毫克时，种蛋孵化出的雏鸡容易发生白肌病。

（4）家禽患球虫病、慢性消化道疾病、肝胆功能障碍时，会影响维生素E的吸收和转运，从而造成继发性维生素E缺乏。

（二）临床症状

（1）脑软化症　主要是维生素E缺乏所致的以雏鸡小脑软化为主要病变、共济性失调为主要症状的疾病，本病主要发生于2～7周龄的雏鸡。缺乏维生素E时，雏鸡发育不良、软弱、精神不振（图3-5）。特征性症状为运动障碍，头轻度颤动、向下或向后弯曲挛缩；有时头颈麻痹，并向前俯卧于地面，体温降低（图3-6）。两腿阵发性痉挛抽搐，不完全麻痹，步态不稳，最后瘫痪。由于采食困难，最后衰竭死亡。此类雏鸡免疫接种时死亡率较大。成年蛋鸡维生素E缺乏无明显临床症状，但产蛋率和种蛋孵化率显著降低，鸡胚常在入孵后4～7天内死亡；能出壳雏鸡很早便出现典型的脑软化症。公鸡缺乏维生素E时，睾丸呈退行性变性，繁殖机能减退或失去繁殖能力。

图3-5 维生素E缺乏，雏鸡除了瘫痪之外，会有头部颤抖现象，剖检有明显的脑软化、液化，每千克饲料添加50%维生素E四到五天后，不再出现瘫痪现象（武现军摄）

图3-6 维生素E严重缺乏的肉鸡往往因脑软化或液化，导致站立困难，头颈部也会伏于地面，头部鸡冠和肉垂发凉，体温降低，剖检多有明显的脑软化、液化现象（武现军摄）

（2）渗出性素质 是由于维生素E和硒同时缺乏所致。一般3～6周龄和16～40周龄的鸡群最易发生。其特征是毛细血管通透性增加，造成血浆蛋白和崩解红细胞释放的血红蛋白进入皮下，使皮肤呈淡绿色至淡蓝色。皮下水肿多发生于胸腹部、翅下和颈部。严重时，可造成全身皮下水肿，且以股部最为明显，致使两腿分开站立。

（3）白肌病（肌肉营养不良） 主要是由于维生素E缺乏的同时，伴有含硫氨基酸（蛋氨酸、胱氨酸）缺乏，而表现出的严重疾病，硒对防止鸡的白肌病有效，而含硫氨基酸在防止白肌病中起主要作用。本病多发生于一月龄前后的雏鸡，成年鸡也常有发生。病鸡消瘦衰弱，流眼泪，眼睑半闭，角膜变软。翅下垂，肛门周围被粪便污染，陆续发生死亡。

（三）病理变化

（1）脑软化症 死鸡和重病鸡经剖检可见，小脑肿胀、柔软、脑膜水肿。大脑两半球枕叶软化或液化（图3-7），小脑表面常有散在出血点，并有一种黄绿色浑浊的坏死区，有时大脑也有出血点。有时可见雏鸡睾丸变性，呈透明的水疱状（图3-8）。

图3-7 大脑枕叶脑液化现象（武现军摄）

图3-8 维生素E缺乏所致的睾丸液化，呈透明的水疱状（武现军摄）

　　（2）渗出性素质症　剪开胸腹部、翅下和颈部等水肿部位，可见皮下呈胶冻样或流出稍黏稠的蓝绿色液体（图3-9，图3-10），颈部水肿多见于刚出壳的雏鸡（图3-11）；剖开体腔可见心包积液。有时可伴发白肌病，即胸肌坏死，呈条纹状或花纹状。

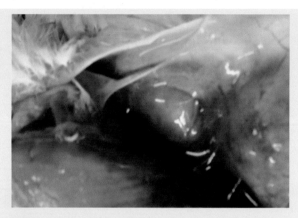

图3-9 微量元素硒缺乏所致的肉鸡腿部内侧渗出性素质。可见皮下有黄色胶冻样渗出物（武现军摄）

图3-10 缺硒导致新出壳雏鸡胸腹部、两腿之间浅黄色胶冻状渗出（武现军摄）

（3）白肌病（肌肉营养不良）　剖检可见骨骼肌、尤其是胸肌和腿肌因营养不良而苍白贫血，并有灰白色条纹状或花纹状坏死（图3-12）。有时可见肌胃肌层坏死（图3-13）。

图3-11 硒缺乏导致新出壳雏鸡颈部皮下水肿、透明。
此病例为某孵化场刚出壳的雏鸡（武现军摄）

图3-12 缺硒导致肉鸡胸肌肌纤维坏死

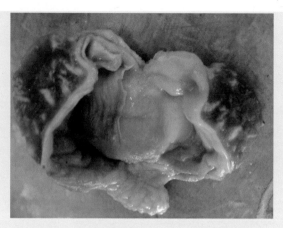

图3-13 缺硒导致的白肌病不仅表现在骨骼肌，也可引起肌胃坏死（武现军摄）

（四）诊断

根据以下几点特征性变化可作出初步诊断，必要时还需对饲料中维生素E和硒的含量进行化验。

（1）脑软化症　有典型共济性失调症状；大脑后半球有液化灶；小脑软化，脑膜水肿，有散在出血点，有时大脑亦有出血点。

（2）渗出性素质症　皮下水肿，呈胶冻样或流出蓝绿色液体，涂片镜检无细菌。

（3）白肌病　胸肌、腿肌有典型的条纹状或花纹状坏死。

（五）防治

（1）注意饲料原料的选购及配方的合理化。如来源于缺硒地区或雨水较多地区的饲料原料往往缺硒；饲料蛋白质含量不足或饲料缺乏含硫氨基酸；饲料缺乏维生素A、维生素C和B族维生素；饲料有变质现象，使维生素E破坏；有球虫及其他慢性肠道、肝脏、胰腺疾病，会使维生素E吸收率降低。所有以上情况下均需增加维生素E的添加量。

若配合饲料中的脂肪含量超过3%时，每增加1%脂肪，每千克配合饲料需额外增加维生素E 5毫克。为了改进免疫反应，每千克配合饲料需增加维生素E 150毫克。尤其缺乏维生素E的种鸡可造成其下一代雏鸡一出壳就缺乏维生素E，如不在饲料中及时补足，免疫时有可能造成严重伤亡。

（2）对于发病鸡群可采用以下方法治疗。① 雏鸡脑软化症：每只鸡每日一次口服维生素E 5国际单位（相当于维生素E醋酸酯5毫克）。病情较轻的鸡1～2天即可明显见效，可连服3～4天；也可在日粮中添加0.5%的植物油，并改善饲料配方，多用一些富含维生素E的饲料，如苜蓿草粉、糠麸、玉米蛋白粉、酵母等。② 渗出性素质和白肌病：每千克日粮添加维生素E 40毫克（或植物油0.5%）、亚硒酸钠0.2毫克（相当于含硒0.1毫克）、蛋氨酸3～5克，连用两周。

三、维生素B₂缺乏症

维生素B_2（核黄素）为橙黄色晶体，味苦，在水溶液中发出强烈的绿黄色荧光。对热稳定，遇光（特别是紫外线）易分解而转变成荧光色素。绿色植物的叶片富含核黄素，动物性饲料、酵母、花生粕、菜籽粕中含量较丰富，而禾本科饲料含量较低。

核黄素的存在形式有三种：游离的核黄素、黄素单核苷酸（FMN）和黄素腺嘌呤二核苷酸（FAD）。其生理功能是作为许多种黄素酶（现已知的黄素酶有100多种）的辅酶。① 参与生物氧化过程中的递氢作用，因而维生素B_2与碳水化合物、蛋白质、核酸和脂肪的代谢密切相关。② 参与不饱和脂肪酸（如亚油酸、亚麻油酸和花生四烯酸）和还原型谷胱甘肽（GSH）的形成，保护生物膜免遭过氧化物破坏。③ 作为古洛糖酸酯氧化酶的辅基，参与机体维生素C的合成。因此，维生素B_2的缺乏必然造成机体的物质代谢障碍，出现各种缺乏症状。

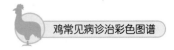
（一）病因

（1）饲料长期贮存、曝晒或饲料中含有碱性物质，均可以使维生素 B_2 受到破坏，导致维生素 B_2 的缺乏。

（2）鸡需要的维生素 B_2 全靠从饲料中摄取，如饲料中维生素 B_2 含量不足或多种维生素添加剂质量低劣，可导致维生素 B_2 缺乏。

（3）雏鸡、种鸡对维生素 B_2 需要量较大。低温条件下或饲喂高脂肪低蛋白质饲料时，鸡对维生素 B_2 的需要量增加，应注意补足。

（二）临床症状

维生素 B_2 缺乏多发生于育雏期和高峰产蛋期。小鸡发病一般在 2 ～ 3 周龄，表现为生长缓慢，机体消瘦，皮肤干而粗糙；羽毛粗乱，绒毛稀少；消化机能紊乱，严重腹泻。其特征性症状是产生"卷爪"麻痹症，爪向内卷曲成拳状，以中趾尤为明显；跖趾关节肿胀，两脚不能站立，常以双翅支持身体向前行走。严重时腿部肌肉萎缩，鸡伸开腿躺卧于地，而被其他鸡踩死。

成年鸡缺乏维生素 B_2，也有明显的"卷爪"症状，但主要是产蛋率下降，蛋白稀薄；种蛋孵化率降低，胚胎在孵化的 12 ～ 14 天左右大量死亡；孵出的初生雏鸡即出现足趾卷曲，绒毛蓬乱，并出现特征性的结节状绒毛，这可能是皮肤机能障碍绒毛无法通过毛鞘所致。

（三）病理变化

病鸡两侧坐骨神经和臂神经显著肿大，变软，有时比正常粗 4 ～ 5 倍（图3-14 ～ 图3-16），两侧迷走神经也有肿大现象（图3-17）；肝脏肿大，含脂肪较多；胃肠道黏膜萎缩，肠内有多量泡沫状内容物。

组织学检查可见神经纤维的髓鞘脱失，轴突呈球形肿胀及结节性断裂。

图3-14 维生素B₂缺乏导致两侧坐骨神经均水肿，失去横纹（武现军摄）

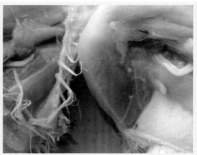

图3-15 维生素B₂缺乏导致左右两侧坐骨神经肿胀（武现军摄）

图3-16 维生素B₂缺乏，鸡右侧坐骨神经近距离照片显示坐骨神经水肿，失去横纹（武现军摄）

图3-17 维生素B₂缺乏导致颈部两侧迷走神经均水肿，失去横纹，呈透明状（武现军摄）

（四）诊断

从特征性的卷爪症状和坐骨神经、臂神经、迷走神经呈均衡双侧性肿大，以及胚胎的结节状绒毛可作出诊断。

（五）防治

注意用全价料饲喂鸡群，在配合饲料时选用一些富含维生素B₂的饲料原料，如动物肝脏、酵母、鱼粉、糠麸等。在饲料加工过程中，应避免在阳光下曝晒饲料和在饲料中混入碱性物质。

对发病鸡群可用核黄素治疗，大群鸡可于每千克饲料中添加20毫克，连用两周，同时适当增加饲料多种维生素添加量。

对个别重症病例，可直接口服核黄素，雏鸡用量每只鸡0.1～0.2毫克，育成鸡每只5～6毫克，产蛋鸡每只10毫克，连用一周，一般可收到良好效果。对于趾爪卷曲，不能站立的鸡只，如用药后仍无效，应予以淘汰。

如发现种鸡缺乏维生素B₂，造成种蛋孵化率低，死胚增加，也可用核黄素治疗，一般一周后孵化率可恢复正常。

四、锰缺乏症

锰是鸡正常生长、繁殖所必需的微量元素之一，在鸡体内锰参与线粒体内的丙酮酸羧化酶和超氧化物歧化酶的组成和多种酶的激活。在软骨、骨组织黏多糖合成过程中，参与多糖聚合酶、糖基转移酶的激活。锰的缺乏将造成骨骼基质合成障碍，使生长鸡和胚胎软骨营养不良，影响骨骼的生长、发育和正常钙化，同时也造成耳前庭内软骨发育不良，导致平衡失调。锰参与机体糖的异生和胰岛素的合成和分泌，并由此影响机体的三大物质代谢；参与造血过程和凝血酶原的合成；对神经系统、肌肉活动和繁殖功能等都具有重要作用。因此，锰的缺乏除了引起骨骼短粗、滑腱症外，还会引起神经症状和繁殖功能障碍。

（一）病因

（1）以玉米-豆粕为主的饲料，由于含锰量很低，必须补充锰的含量。如果微量元素添加剂质量低劣，极易发生锰缺乏。

（2）饲料胆碱、烟酸、生物素、维生素B₂、维生素B₁₂、维生素D₃含量不足时，机体对锰的需要量增加。

（3）饲料中钙、磷、铁、植酸含量过多时，会影响锰的吸收，导致缺乏症。

（4）与鸡的品种有关，重型鸡比轻型鸡更易患锰缺乏症。

（二）临床症状及病理变化

雏鸡缺锰表现为生长停滞，骨骼发育不良，骨短粗和滑腱症，即跗关节肿胀，胫骨远端和跖骨近端弯曲或扭转，后跟腱从跗关节的骨槽中滑出（图3-18，图3-19）；腿弯曲无法站立和行走，造成采食、饮水困难，逐渐消瘦死亡。有的鸡胫骨、翅骨短粗，下颌骨缩短，呈鹦鹉嘴状。锰缺乏时，如按软骨症治疗，在饲料中添加大量的维生素A和维生素D，可造成发病率提高，使病情恶化。

图3-18 成年产蛋鸡缺锰导致滑腱症，左侧腿向内弯曲，行走困难（武现军摄）

图3-19 两条腿的跟腱均从跗关节槽滑脱至关节外侧（武现军摄）

产蛋鸡锰缺乏，产蛋量减少，蛋壳变脆、变薄；种蛋受精率、孵化率降低，鸡胚常于孵化至20～21天死亡，死胚呈现软骨发育不良，腿短粗，翅、喙短小，头大、肚圆，75%的鸡胚出现水肿。刚出壳的鸡即表现出神经症状，易惊厥而共济失调，长成中雏后遇受惊吓，仍可表现为神经症状。如惊厥、头向下、向上、甚至扭向背部或勾向腹下，它们可以正常发育至成熟，但运动失调症状很难克服。这主要与耳前庭内平衡系统发育不良有关。

公鸡锰缺乏，导致睾丸发育受阻、睾酮分泌减少，曲细精管变细、精子数减少。

（三）诊断

锰缺乏可从以下三方面作出诊断。

（1）雏鸡骨短粗，但并不变软变脆，有特征性的"滑腱症"。

（2）蛋壳薄而易碎，孵化后期死胚多，胚胎短腿短翅，圆头，鹦鹉嘴。

（3）经饲料分析，锰含量低于需要量。

（四）防治

鸡日粮中锰的含量至少应达到营养标准要求量，即每千克饲料中锰的含量为：肉用仔鸡和6周龄以下蛋用雏鸡60毫克，7～20周龄和产蛋期蛋用鸡30毫克，种用母鸡60毫克。多项研究证明，鸡达到最佳生长状态、最高产蛋率和最大程度降低滑腱症发病率，对锰的需要量约为每千克饲料100毫克。

保证饲料中钙、磷含量，以及胆碱、叶酸、生物素、烟酸及维生素D、维生素B_2、维生素B_{12}的含量，对防止锰缺乏有促进作用。

发生锰缺乏时，每100千克饲料加硫酸锰10～20克、氯化胆碱100克、多种维生素40克喂服。或用每100千克水加5～10克硫酸锰饮服。已经出现腿骨变形或滑腱症的鸡只，很难治愈，最好淘汰。

五、脂肪肝

脂肪肝出血综合征是笼养蛋鸡的一种以肝脏中大量脂肪沉积、肝被膜下出血、产蛋率下降、死亡率增高为特点的代谢性疾病。主要发生于产蛋母鸡。

（一）病因

对该病的确切病因至今还未完全搞清，一般认为本病是非病原性的，而与外界因素、遗传素质等有关。某些来航品系蛋鸡因遗传的原因较易发生本病，但遗传因素不是造成本病的单纯原因。

饲料中高能量饲料成分，如玉米等含量过高，而蛋白质饲料，尤其是富含蛋氨酸的动物性蛋白质饲料以及胆碱、叶酸、维生素B_{12}、生物素、维生素B_6、烟酸等与脂肪代谢有关的维生素含量不足，易发生本病。

在营养良好，处于高峰产蛋期的蛋鸡，受到各种应激因素（光照不足或突然改变、突然换料或停水、调换饲养员、改变饲养制度等）时，可造成产蛋率下降，致使体内过剩营养转化为脂肪而诱发此病。

饲料中含有黄曲霉素时，会引起肝脏脂肪变性，这也是引起蛋鸡脂肪肝的因素之一。

（二）临床症状

本病多发于体况良好、产蛋量高的鸡群。病鸡多为体重大、肥胖、比标准体重高25%～30%的鸡只。发病的迹象是产蛋量降低或达不到应有的产蛋高峰，全群产蛋率可从80%以上降至50%左右。鸡冠和肉髯发育正常，但颜色苍白，腹部下垂。多数病鸡可由于惊吓而突然死亡，检查时往往可见肝脏破裂，腹腔有大量血凝块。

（三）病理变化

肝脏肿大，色黄，有油脂样光泽，质地脆而易碎，被膜下有出血点或绿豆大至黄豆大的血肿。有时肝脏破裂，其周围充满暗红色凝血块或肝脏被凝血块覆盖，肝脏切面结构模糊，含油脂多。腹腔内有血水，内混有油滴（图3-20）。

图3-20 脂肪肝蛋鸡肝脏破裂、大出血死亡，肝脏发黄、易烂（武现军摄）

机体皮下、腹腔浆膜、肾脏周围、肠系膜、肌胃周围均沉积有多量黄白色或黄色脂肪。有时卵巢或输卵管周围也蓄积大量脂肪。

（四）诊断

根据以下特征性临床症状和病理变化可作出诊断。
（1）肝脏肿大，呈黄色，质脆，有出血、血肿，有时肝脏破裂。
（2）皮下或腹腔脂肪过多（图3-21）。
（3）产蛋率下降或无产蛋高峰。

图3-21 脂肪肝蛋鸡肝脏发黄、易烂，腹部脂肪层厚 (武现军摄)

（五）防治

加强饲养管理，合理搭配饲料，特别是饲料中的能量水平应保持在营养标准推荐水平；保证饲料中蛋氨酸、胆碱、维生素B$_{12}$、叶酸、生物素、肌醇等与脂肪代谢密切相关的维生素的含量，可减少本病发生；避免使用发霉变质饲料，尤其是变质的花生饼，其中的黄曲霉毒素可损害肝脏，引起脂肪代谢障碍；注意给鸡群创造一个平稳而安静的饲养环境，尽量减少外来应激因素的影响。

本病没有特效的治疗方法，只能进行一些对症治疗，以缓解症状，促进恢复。可选用下列药物：每吨饲料中添加胆碱1千克、维生素E10克、维生素B$_{12}$12毫克、肌醇900克，均匀混合于饲料中连喂两周。

也可以每只鸡补充氯化胆碱0.1～0.2克，连用10天，同时将饲料中的粗蛋白含量提高1%～2%。

还可以加喂肝泰乐，每只鸡每天用50～100毫克，连用数日，可明显降低死亡率。

每千克饲料中加入0.1～0.5毫克的生物素，连用数日，对本病可起到有效预防作用，同时可防止病鸡大批死亡。

六、痛风

痛风又称为尿酸盐沉着症，是由于机体蛋白质代谢障碍造成长时间持续的高尿酸盐血症，致使尿酸或尿酸盐在关节、软骨、内脏的表面及皮下结缔组织沉积而表现的一系列病理变化和临床症状。临床上以关节肿大、跛行、衰弱、多饮、排水样或白灰样稀便为特征。

（一）病因

鸡痛风主要是由于日粮含氮化合物（包括蛋白氮、非蛋白氮，尤其是核蛋白和嘌呤碱）含量过高和维生素A缺乏，造成机体产生大量的尿酸或肾脏尿酸盐排泄障碍所致。此外，本病还与维生素D缺乏、饲料高钙低磷、缺水、鸡只密度过大等其他管理上的不当有关。

某些传染性疾病如肾型传染性支气管炎、传染性法氏囊炎、病毒性肾炎以及一些霉菌毒素的污染和长期服用磺胺类药物引起的慢性中毒都可引起肾功能损害，造成尿酸排泄障碍，由此出现类似痛风的病理变化，不应作为独立的疾病，而应进行综合考虑。

（二）临床症状

鸡痛风的临床经过一般比较缓慢，很少出现急性死亡，且多发生于母鸡。由于尿酸盐在体内沉积的部位不同，一般分为关节型和内脏型两种，生产中以内脏型痛风为多，关节型痛风较为少见。

病鸡主要表现为精神欠佳，食欲不振，羽毛松乱或脱毛，鸡冠苍白，贫血；排水样稀便，其中，含有大量白灰样尿酸盐，肛门周围羽毛污染；有时由于皮肤、肛门瘙痒而自啄羽毛或啄肛；腿、趾皮肤脱水发干。

关节型痛风还表现为趾、腿、翅关节肿大，行动迟缓、跛行，关节疼痛，站立困难。内脏型痛风还表现为极度消瘦，喜卧，排白色石灰乳样稀便，泄殖腔松弛，周围羽毛沾污白色尿酸盐，最后脱水死亡。

（三）病理变化

内脏型痛风可见气管黏膜、皮下、心包、肝脏、肠系膜、肾脏等表面散布一层白色石灰粉样物质（图3-22，图3-23）；肝脏质脆、切面有白色小颗粒样物；肾脏显著肿大，输尿管肿粗，内蓄积大量尿酸盐，使肾脏表面呈花斑状。重症出现一侧肾萎缩，肾脏、输尿管内形成大块结石，极为坚硬（图3-24）。关节痛风可见关节肿胀，关节腔内有白色石灰乳样尿酸盐。

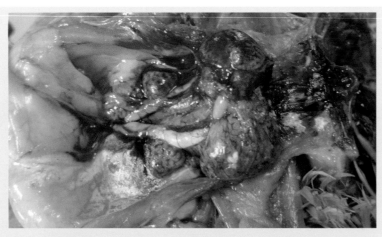

图3-22 内脏痛风肉鸡可见肺脏膈面、腹膜尿酸盐沉积；肾脏肿胀花斑，输尿管充满尿酸盐（武现军摄）

图3-23 痛风鸡心包、胸
腔内侧及腹腔脏器均有尿酸
盐沉积（武现军摄）

图3-24 痛风青年母鸡肾脏严重肿
胀、并在肾小管形成结石，内脏表面
有石灰样白色尿酸盐沉积（武现军摄）

（四）诊断

通过以下几点特征性症状即可作出确诊。

（1）机体脱水，排白色石灰乳样稀粪。

（2）内脏表面覆盖白色石灰粉状尿酸盐，有时可见一侧肾萎
缩，另一侧肾脏和输尿管肿大，形成大块结石。

（3）关节型痛风表现为各关节肿大，剖开见关节腔有石灰乳样
尿酸盐。

（五）防治

严格按照营养标准进行日粮配合，适当提高维生素，尤其是维
生素A的用量，加强饲养管理。

目前对痛风的治疗尚无有效办法，但可以通过及时解除各种可
能诱发本病的因素，并采取适当的对症治疗，来降低发病率和死亡
率。如适当降低饲料蛋白质含量；提高维生素A和多种维生素的添
加量；调节饲料钙磷比例；供给充足的饮水等方法，同时大群鸡可
用肾肿解毒药类药物饮水，每只鸡用丙磺舒10～20毫克拌料喂服，
连用5～7天，可有效提高肾脏尿酸盐的排泄能力，降低发病率和
死亡率。

鸡常见病诊治彩色图谱

REFERENCES ➡ 参考文献

[1] Saif Y M主编. 禽病学. 苏敬良, 高福等主译. 第12版. 北京：中国农业出版社, 2012.

[2] 王红宁主编. 禽呼吸系统疾病. 北京：中国农业出版社, 2002.

[3] 崔志中主编. 禽病诊治彩色图谱. 北京：中国农业出版社, 2003.

[4] 陈怀涛, 许乐仁主编. 兽医病理学. 北京：中国农业出版社, 2005.

[5] 王宗元主编. 动物营养代谢病和中毒病学. 北京：中国农业出版社, 1997.

[6] 呙于明主编. 家禽营养与饲料. 北京：中国农业大学出版社, 1997.

[7] 刘聚祥, 胡维华主编. 鸡病防治手册. 北京：中国农业出版社, 2000.

欢迎订阅畜牧兽医专业科技图书

●专业书目

书号	书名	定价
07271	土鸡高效健康养殖技术	19.8
04492	蛋鸡高效健康养殖关键技术	18.5
10994	鸡病误诊误治与纠误	25
07981	土法良方治猪病	19.8
06945	四季识猪病及猪病防控	23
19724	土法良方治鸡病（第二版）	28
06990	新编鸡场疾病控制技术	19.8
16937	鸡病快速诊治指南	25
19095	投资养蛋鸡——你准备好了吗	35
19013	投资养肉鸡——你准备好了吗？	35
16859	图说健康养蛋鸡关键技术	28
04111	简明鸡病诊断与防治原色图谱	28
15491	大棚高效养殖肉鸡实用技术	22
15503	农家生态养土鸡技术	22
15620	土蛋鸡高产饲养法	25
13725	科学自配蛋鸡饲料	25
08230	肉鸡高效健康养殖关键技术	25
14340	如何提高中小型蛋鸡场养殖效益	25
13491	如何提高中小型肉鸡场养殖效益	20

书号	书名	定价
08059	新编肉鸡饲料配方600例	22
07295	四季识鸡病及鸡病防控	19.9
07339	现代实用养鸡技术大全	38
13789	蛋鸡安全高效生产技术	25
05458	怎样科学办好中小型鸡场	29.8
04992	蛋鸡高效健康养殖关键技术	18.5
13621	养鸡科学安全用药指南	25
13788	商品肉鸡常见病防治技术	24
04111	新编蛋鸡饲料配方600例	19.8
13838	肉鸡安全高效生产技术	25
13454	林地生态养鸡实用技术	23
11257	山林果园散养土鸡新技术	25
03823	肉鸡快速饲养法	19.8
03526	提高蛋鸡产蛋量关键技术	18
10895	家庭高效蛋鸡生产技术	19.8
10803	家庭肉鸡规模养殖技术	19.8
07295	四季识鸡病及鸡病防控	19.9
08821	科学自配肉鸡饲料	25
02087	鸡病防治问答	13
01558	禽疾诊疗与处方手册	18

鸡病诊治彩色图谱

刁有祥　主编

本书图文并茂，系统介绍了鸡的传染病、寄生虫病、营养代谢病、中毒病、普通病的病原、病因、流行特点、症状、剖检变化、诊断及综合性防治措施。全书具有图像清晰、直观易懂、内容翔实、系统性与科学性强、理论联系实际等特点，可让读者"看图识病，识病能治"，以达到快速掌握各种鸡病诊断与防治的目的。本书是广大鸡病防治工作者和养鸡场技术人员、动检工作者、基层兽医必备工具书，也是大专院校动物医学专业、食品卫生检验专业的重要参考书。

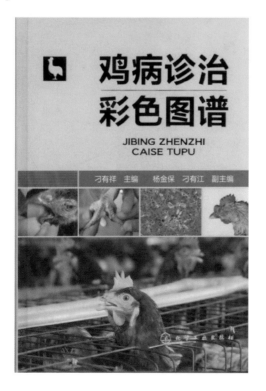

土法良方治鸡病（第二版）

孙卫东　主编

本书收集、归纳和总结了在鸡病治疗和生产过程中应用的数百个土法良方。这些土法良方具有疗效显著、节省药品、操作简单、易学易用等优点，其方剂具有扶正祛邪、低毒、副作用小的特点和优势，能够满足人们追求无害、安全、绿色鸡产品的愿望。全书既注重科学性、实用性、系统性、中西兽医结合的现代性及古为今用，又着重突出通俗实用、操作简便、易学易懂、疗效确实，力求让广大养鸡者一看就懂，一学就会，用后见效。

本书可供鸡场饲养者、鸡场兽医使用，亦可作为兽医等专业教学、科研人员的参考资料。

如需以上图书的内容简介、详细目录以及更多的科技图书信息，请登录 www.cip.com.cn。

邮购地址：（100011）北京市东城区青年湖南街13号 化学工业出版社

服务电话：010-64518888，64518800（销售中心）

如要出版新著，请与编辑联系。

联系方法：010-64519352 sgl@cip.com.cn（邵桂林）